教科書ガイド　数研出版 版　NEXT 数学B

本書は，数研出版が発行する教科書「NEXT 数学B［数B/715］」に沿って編集された，教科書の 公式ガイドブック です。教科書のすべての問題の解き方と答えに加え，例と例題の解説動画も付いていますので，教科書の内容がすべてわかります。また，巻末には，オリジナルの演習問題も掲載していますので，これらに取り組むことで，更に実力が高まります。

本書の特徴と構成要素

1　教科書の問題の解き方と答えがわかる。予習・復習にピッタリ！

2　オリジナル問題で演習もできる。定期試験対策もバッチリ！

3　例・例題の解説動画付き。教科書の理解はバンゼン！

まとめ	各項目の冒頭に，公式や解法の要領，注意事項をまとめてあります。
指針	問題の考え方，解法の手がかり，解答の進め方を説明しています。
解答	指針に基づいて，できるだけ詳しい解答を示しています。
別解	解答とは別の解き方がある場合は，必要に応じて示しています。
注意 など	問題の考え方，解法の手がかり，解答の進め方で，特に注意すべきことや参考事項などを，必要に応じて示しています。
演習編	巻末に，教科書の問題の類問を掲載しています。これらの問題に取り組むことで，教科書で学んだ内容がいっそう身につきます。また，章ごとにまとめの問題も取り上げていますので，定期試験対策などにご利用ください。
デジタルコンテンツ	2次元コードを利用して，教科書の例・例題の解説動画や，巻末の演習編の問題の詳しい解き方などを見ることができます。

JN056769

目　次

第3章　数学と社会生活

〈デジタルコンテンツ〉
次のものを用意しております。　　　　　　　デジタルコンテンツ ➡
① 　教科書「NEXT 数学 B［数 B/715］」の例・例題の解説動画
② 　演習編の詳解
③ 　教科書「NEXT 数学 B［数 B/715］」
　　と青チャート・黄チャートの対応表

第1章 | 数列

第1節 等差数列と等比数列

1 数列と一般項

まとめ

1 数列

数を一列に並べたものを **数列** といい，数列における各数を **項** という。

数列の項は，最初の項から順に第1項，第2項，……といい，n 番目の項を第 n 項という。とくに，第1項を **初項** という。

注意 項の個数が有限である数列を **有限数列**，無限である数列を **無限数列** ということがある。

2 数列の表し方

数列を一般的に表すには，次のように書く。

$$a_1, \ a_2, \ a_3, \ \cdots\cdots, \ a_n, \ \cdots\cdots$$

この数列を簡単に $\{a_n\}$ と表すこともある。

3 数列の一般項

数列 $\{a_n\}$ の第 n 項 a_n が n の式で表されるとき，n に 1, 2, 3, ……を順に代入すると，数列 $\{a_n\}$ の初項，第2項，第3項，……が得られる。このような a_n を数列 $\{a_n\}$ の **一般項** という。

注意 たとえば，一般項が n^2 の数列を，数列 $\{n^2\}$ と表すこともある。

A 数列と一般項

練習 1

教 p.8

教科書の数列① 1, 4, 9, 16, 25, …… の第2項と第5項をいえ。また，第6項を求めよ。

指針 **数列の項** 自然数 1, 2, 3, 4, ……を図のように正方形状に並べていく。このとき，図の1行目に並ぶ数を左から順に取り出すと

$$1, \ 4, \ 9, \ 16, \ 25, \ \cdots\cdots$$

となる。

1	4	9	16	
2	3	8	15	
5	6	7	14	23
10	11	12	13	22
17	18	19	20	21

解答 数列 1, 4, 9, 16, 25, ……

の第2項は 4 答

第 5 項は　　25　答

また，図の 21 の下は 30，30 の右は 31，31 の上 5 個の数字は小さい方から 32〜36 が並ぶ。

よって，第 6 項は　　36　答

別解　$1=1^2$，$4=2^2$，$9=3^2$，$16=4^2$ であるから，この数列は

$$1^2,\ 2^2,\ 3^2,\ 4^2,\ \cdots\cdots$$

とも考えられる。

よって，第 6 項は　　$6^2=36$　答

練習 2　教 p.9

一般項 a_n が次の式で表される数列 $\{a_n\}$ について，初項から第 4 項までを求めよ。

(1)　$a_n=2n-1$　　(2)　$a_n=n(2n-1)$　　(3)　$a_n=2^n$

指針　**数列の一般項と項**　一般項 a_n の式に $n=1$，2，3，4 を順に代入する。

解答　(1)　$a_1=2\cdot1-1=1,$　　$a_2=2\cdot2-1=3,$　　$a_3=2\cdot3-1=5,$

$a_4=2\cdot4-1=7$　答

(2)　$a_1=1\cdot(2\cdot1-1)=1,$　　$a_2=2(2\cdot2-1)=6,$　　$a_3=3(2\cdot3-1)=15,$

$a_4=4(2\cdot4-1)=28$　答

(3)　$a_1=2^1=2,$　　$a_2=2^2=4,$　　$a_3=2^3=8,$

$a_4=2^4=16$　答

練習 3　教 p.9

次のような数列の一般項 a_n を，n の式で表せ。

(1)　分子には正の奇数，分母には 2 の累乗が順に現れる分数の数列

$$\frac{1}{2},\ \frac{3}{4},\ \frac{5}{8},\ \frac{7}{16},\ \cdots\cdots$$

(2)　正の偶数 2，4，6，8，……の数列で符号を交互に変えた数列

$$-2,\ 4,\ -6,\ 8,\ \cdots\cdots$$

指針　**数列の一般項**　1 つの数列の中に 2 つの異なる規則性がある場合，それぞれを別々に考えてから，それらを組み合わせる。

解答　(1)　分子に着目すると，奇数の数列

$$1,\ 3,\ 5,\ 7,\ \cdots\cdots$$

である。

よって，この数列の第 n 項の分子は　$2n-1$　……①

また，分母に着目すると，2 の累乗の数列

$$2,\ 2^2,\ 2^3,\ 2^4,\ \cdots\cdots$$

であるから，この数列の第 n 項の分母は
$$2^n \quad \cdots\cdots ②$$
①，② から，求める数列の一般項は
$$a_n = \frac{2n-1}{2^n} \quad 答$$

(2) 正の偶数 2, 4, 6, 8, ……の数列の第 n 項は
$$2n \quad \cdots\cdots ①$$
また，符号に着目すると，-1 と 1 が交互に並ぶ数列であるから，この数列の第 n 項の符号は $\quad (-1)^n \quad \cdots\cdots ②$
①，② から，求める数列の一般項は
$$a_n = (-1)^n \cdot 2n \quad 答$$

2 等差数列

まとめ

1 等差数列
初項に一定の数 d を次々と足して得られる数列を **等差数列** といい，その一定の数 d を **公差** という。

2 等差数列の一般項
初項 a，公差 d の等差数列 $\{a_n\}$ の一般項は
$$a_n = a + (n-1)d$$
← 等差数列の一般項は n の1次式

3 等差数列の性質
等差数列は，項からその前の項を引いた差が常に一定である。
等差数列 $\{a_n\}$ について，すべての自然数 n で，次の関係が成り立つ。
$$a_{n+1} = a_n + d \quad すなわち \quad a_{n+1} - a_n = d$$
← a_{n+1} は第 $(n+1)$ 項

4 等差数列をなす3数
3数 a, b, c について，次のことが成り立つ。
$$数列 a, b, c が等差数列 \iff 2b = a + c$$
この b を **等差中項** という。

A 等差数列

練習 4　次のような等差数列の初項から第4項までを書け。
(1) 初項 1，公差 5　　　(2) 初項 10，公差 -4

教 p.11

指針 **等差数列の項** 前の項に公差 d を足して，次の項を求める。

解答 等差数列を $\{a_n\}$，公差を d とする。

(1) $a_2 = a_1 + d = 1 + 5 = 6$ ←a_1は初項

$a_3 = a_2 + d = 6 + 5 = 11$

$a_4 = a_3 + d = 11 + 5 = 16$ 答 **1, 6, 11, 16**

(2) $a_2 = a_1 + d = 10 + (-4) = 6$

$a_3 = a_2 + d = 6 + (-4) = 2$

$a_4 = a_3 + d = 2 + (-4) = -2$ 答 **10, 6, 2, -2**

練習 5 教 p.11

次の等差数列の公差を求めよ。また，□ に適する数を求めよ。

(1) 1, 5, 9, □, □, …… (2) □, 3, 0, □, ……

指針 **等差数列の決定** 等差数列であるから，隣り合う2つの項に着目して
(公差)＝(後の項)－(前の項)により，公差を求める。

解答 等差数列を $\{a_n\}$，公差を d とする。

(1) $1 + d = 5$ から $d = 5 - 1 = 4$ ←$a_1 + d = a_2$

第4項 a_4 は $a_4 = 9 + 4 = 13$ ←$a_4 = a_3 + d$

第5項 a_5 は $a_5 = 13 + 4 = 17$ ←$a_5 = a_4 + d$

答 **公差 4，□ は順に 13，17**

(2) $3 + d = 0$ から $d = 0 - 3 = -3$ ←$a_2 + d = a_3$

第1項(初項) a_1 は $a_1 = 3 - (-3) = 6$ ←$a_1 = a_2 - d$

第4項 a_4 は $a_4 = 0 + (-3) = -3$ ←$a_4 = a_3 + d$

答 **公差 -3，□ は順に 6，-3**

B 等差数列の一般項

練習 6 教 p.11

次のような等差数列 $\{a_n\}$ の一般項 a_n を求めよ。また，第10項を求めよ。

(1) 初項 5，公差 4 (2) 初項 10，公差 -5

指針 **等差数列の一般項** 初項 a，公差 d の等差数列 $\{a_n\}$ の一般項の公式
$a_n = a + (n-1)d$ にあてはめる。また，第10項は，得られた n の1次式に
$n = 10$ を代入すると求められる。

解答 (1) 一般項 a_n は $a_n = 5 + (n-1) \cdot 4 = 4n + 1$ 答

第10項は $a_{10} = 4 \cdot 10 + 1 = 41$ 答

(2) 一般項 a_n は $a_n = 10 + (n-1) \cdot (-5) = -5n + 15$ 答

第10項は $a_{10} = -5 \cdot 10 + 15 = -35$ 答

【？】 $a_n = -3n + 19$ の n の係数 -3 は何を表しているだろうか。

解答 初項 a，公差 d の等差数列の一般項 a_n は

$$a_n = a + (n-1)d \quad 変形すると \quad a_n = dn + a - d$$

$a_n = -3n + 19$ と係数を比較して $\quad -3 = d, \ 19 = a - d$

よって，**等差数列 $a_n = -3n + 19$ の公差を表している。** 答

練習 7 次のような等差数列 $\{a_n\}$ の一般項 a_n を求めよ。

(1) 第 4 項が 15，第 8 項が 27 　　(2) 第 5 項が 20，第 10 項が 0

指針 **等差数列の一般項** 初項を a，公差を d として一般項の式を表し，与えられた値を代入して a と d の連立方程式を解いて求める。

解答 初項を a，公差を d とすると $\quad a_n = a + (n-1)d$

(1) 第 4 項が 15 であるから $\quad a + 3d = 15$ ……①

第 8 項が 27 であるから $\quad a + 7d = 27$ ……②

①，②を解くと $\quad a = 6, \ d = 3$

よって，一般項は $\quad a_n = 6 + (n-1) \cdot 3 = 3n + 3$ 答

(2) 第 5 項が 20 であるから $\quad a + 4d = 20$ ……①

第 10 項が 0 であるから $\quad a + 9d = 0$ ……②

①，②を解くと $\quad a = 36, \ d = -4$

よって，一般項は $\quad a_n = 36 + (n-1) \cdot (-4) = -4n + 40$ 答

C 等差数列の性質

【？】 $a_{n+1} - a_n = 3$ の右辺には n が含まれない。これにはどのような意味があるだろうか。

解答 一般項 a_n が，n の 1 次式 $a_n = pn + q$ と表されるとき

$$a_{n+1} = p(n+1) + q$$

ゆえに $\quad a_{n+1} - a_n = p(n+1) + q - (pn+q) = p$

よって，数列 $\{a_n\}$ は公差が p の等差数列になるから，**$a_{n+1} - a_n$ は公差を表し，公差は定数であるから n は含まれない。** 答

練習 8 一般項 a_n が $a_n = 2n + 5$ で表される数列 $\{a_n\}$ は等差数列であることを示せ。また，初項と公差を求めよ。

指針 **等差数列の性質** すべての自然数 n について，$a_{n+1}-a_n=d$（一定）が成り立てば，数列 $\{a_n\}$ は等差数列であり，初項は a_1，公差は d である。

解答 $a_n=2n+5$ であるから

$$a_{n+1}=2(n+1)+5=2n+7$$

ゆえに，すべての自然数 n について

$$a_{n+1}-a_n=(2n+7)-(2n+5)=2$$

よって，数列 $\{a_n\}$ は等差数列である。 終

また，**初項は** $a_1=2\cdot1+5=7$，**公差は 2** 答

教 p.13

**練習
9**

次の数列が等差数列であるとき，x の値を求めよ。

(1) $3,\ x,\ 7,\ \cdots\cdots$ （2） $\dfrac{1}{12},\ \dfrac{1}{x},\ \dfrac{1}{6},\ \cdots\cdots$

指針 **等差数列をなす 3 数** 数列 $a,\ b,\ c$ が等差数列をなすとき，$2b=a+c$ が成り立つ。このとき，b を**等差中項**という。

解答 (1) 数列 $3,\ x,\ 7$ は等差数列であるから　　$2x=3+7$

　　　 よって　　$2x=10$

　　　 これを解いて　　$x=5$ 答

(2) 数列 $\dfrac{1}{12},\ \dfrac{1}{x},\ \dfrac{1}{6}$ は等差数列であるから

$$2\cdot\frac{1}{x}=\frac{1}{12}+\frac{1}{6}\qquad よって\qquad \frac{2}{x}=\frac{1}{4}$$

両辺に $4x$ を掛けると　　$8=x$　　すなわち　　$x=8$ 答

---

3 等差数列の和

まとめ

1 等差数列の和

等差数列の初項から第 n 項までの和を S_n とする。

[1] 初項 a，第 n 項 l のとき　$S_n=\dfrac{1}{2}n(a+l)$

[2] 初項 a，公差 d のとき　$S_n=\dfrac{1}{2}n\{2a+(n-1)d\}$

項の個数が有限である数列では，その項の個数を **項数** といい，最後の項を**末項**という。上の公式[1]は，初項 a，末項 l，項数 n の等差数列の和を表している。

2 自然数の和

$$1+2+3+\cdots\cdots+n=\frac{1}{2}n(n+1)$$

←（初項 1，末項 n，項数 n）

3 等差数列の和の最大

初項が正，公差が負の等差数列 $\{a_n\}$ において，第 k 項が初めて負の数になるとき，第 $(k-1)$ 項までの和が最大となる。

A 等差数列の和

練習 10

教 p.16

次の和 S を求めよ。

(1) 初項 2，末項 10，項数 9 の等差数列の和

(2) 初項 10，公差 -4 の等差数列の初項から第 15 項までの和

指針 等差数列の和

(1) 初項 a，末項 l，項数 n の等差数列の和 S_n は

$$S_n=\frac{1}{2}n(a+l)$$

←$\frac{1}{2}$×項数×（初項＋末項）

(2) 初項 a，公差 d の等差数列の初項から第 n 項までの和 S_n は

$$S_n=\frac{1}{2}n\{2a+(n-1)d\}$$

解答 (1) $S=\dfrac{1}{2}\cdot9(2+10)=54$ 答

(2) $S=\dfrac{1}{2}\cdot15\{2\cdot10+(15-1)\cdot(-4)\}=-270$ 答

練習 11

教 p.16

初項 -1，公差 3 の等差数列の初項から第 n 項までの和 S_n を求めよ。

指針 等差数列の和 初項 a，公差 d の等差数列の初項から第 n 項までの和 S_n は

$$S_n=\frac{1}{2}n\{2a+(n-1)d\}$$

解答 $S_n=\dfrac{1}{2}n\{2\cdot(-1)+(n-1)\cdot3\}$

$=\dfrac{1}{2}n(3n-5)$ 答

練習
12

正の奇数の和について，次の等式が成り立つことを示せ。
$$1+3+5+\cdots\cdots+(2n-1)=n^2$$

指針 **正の奇数の和** 正の奇数は，初項が 1，公差が 2 の等差数列で，末項と項数がわかっている。

解答 等式の左辺は，1 から $2n-1$ までの奇数の和で，初項 1，末項 $2n-1$，項数 n の等差数列の和を表しているから

$$1+3+5+\cdots\cdots+(2n-1)=\frac{1}{2}n\{1+(2n-1)\}=n^2 \quad 終$$

別解 正の奇数は，初項が 1，公差が 2 の等差数列で，等式の左辺は，その初項から第 n 項までの和を表しているから

$$1+3+5+\cdots\cdots+(2n-1)=\frac{1}{2}n\{2\cdot1+(n-1)\cdot2\}=n^2 \quad 終$$

【?】 $12+(n-1)\cdot3=99$ という方程式を立てたのは何のためだろうか。

解答 和の公式 $S_n=\frac{1}{2}n(12+99)$ の n に代入するため，すなわち，**99** が**教科書例題 3** の等差数列の第何項なのかを求めるためである。 答

練習
13

次の等差数列の和 S を求めよ。
  (1) 2, 6, 10, ……, 74   (2) 102, 96, 90, ……, 6

指針 **等差数列の和** 数列の初項，項数，末項を求めれば和の公式を使うことができる。

解答 (1) この等差数列の初項は 2
    公差は初項，第 2 項から　　$6-2=4$
    項数を n とすると，$2+(n-1)\cdot4=74$ から　　$n=19$
    よって　　$S=\frac{1}{2}\cdot19(2+74)=\mathbf{722}$ 答

  (2) この等差数列の初項は 102
    公差は初項，第 2 項から　　$96-102=-6$
    項数を n とすると，$102+(n-1)\cdot(-6)=6$ から　　$n=17$
    よって　　$S=\frac{1}{2}\cdot17(102+6)=\mathbf{918}$ 答

【?】 初項から第 n 項までの和 S_n は n の値によってどのように変化する
だろうか。

指針 **公差が負の等差数列の和の最大** 初項が正の数なら，項が負の数になる直前
までの和が最大になる。

解答 教科書応用例題 1 の等差数列は，初項が正の数で公差が負の数であるから，n
が大きくなるにつれて，項は減少していき負の数になる項が出てくる。すなわち，
n が 1 から 7 のとき S_n は増加し，n が 8 以上のとき S_n は減少する。
不等式で表すと，$S_1 < S_2 < \cdots\cdots < S_7,\ S_8 > S_9 > \cdots\cdots$ となる。 答

練習
14
教科書応用例題 1 の等差数列 $\{a_n\}$ の初項から第 n 項までの和 S_n は
$-\dfrac{3}{2}n^2 + \dfrac{43}{2}n$ である。2 次関数 $y = -\dfrac{3}{2}x^2 + \dfrac{43}{2}x$ が最大値をとる実数
x の値を求め，応用例題 1 の結果と比較してわかることを述べよ。

指針 **等差数列の和の最大** 初項 a，公差 d の等差数列の第 n 項までの和は，n の 2
次式 $\dfrac{1}{2}n\{2a + (n-1)d\} = \dfrac{d}{2}n^2 + \dfrac{2a-d}{2}n$ で表され，n の 2 次関数の最大・最
小問題に帰着できる。ただし，n は自然数であることに注意する。

解答 関数の式を変形すると $y = -\dfrac{3}{2}\left(x - \dfrac{43}{6}\right)^2 + \dfrac{3}{2}\cdot\left(\dfrac{43}{6}\right)^2$

よって，y は $x = \dfrac{43}{6}$ で最大値をとる。 答

$\dfrac{43}{6}$ にもっとも近い自然数は 7 であるから，右の図

より，x が自然数のとき，関数 $y = -\dfrac{3}{2}x^2 + \dfrac{43}{2}x$ が

最大となるような x は $x = 7$ である。

また，$x = 7$ のとき $y = -\dfrac{3}{2}\cdot 7^2 + \dfrac{43}{2}\cdot 7 = 77$

これは，数列 $\{a_n\}$ について，**初項から第 7 項まで
の和が最大となり，その和が 77 であることを表し
ている。** 答

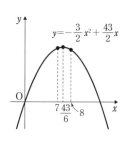

参考 グラフから，数列 $\{a_n\}$ の初項から第 n 項までの和は $1 \leqq n \leqq 7$ のとき増加し，
$n \geqq 8$ のとき減少する。

B 等差数列の和の最大・最小

練習 15 初項が−100，公差が7である等差数列 $\{a_n\}$ がある。

(1) 第何項が初めて正の数になるか。

(2) 初項から第何項までの和が最小であるか。また，その和を求めよ。

指針 **等差数列の項の正負と和の最小**

(1) $a_n > 0$ を満たす最小の自然数 n を求める。

(2) 第 k 項が初めて正になるとき，$S_1 = a_1$，$S_2 = a_1 + a_2$，……，
$S_{k-1} = a_1 + a_2 + \cdots\cdots + a_{k-1}$ とすると，$a_2 < 0$，……，$a_{k-1} \leqq 0$ であるから
$$S_1 > S_2 > \cdots\cdots \geqq S_{k-1}$$
S_{k-1} に a_k を足すと，$a_k > 0$ であるから $S_{k-1} < S_k$
以下，$a_{k+1} > 0$，$a_{k+2} > 0$，……を足すと，和は順に大きくなるから初項から第 $(k-1)$ 項までの和が最小になることがわかる。

解答 (1) 一般項は $a_n = -100 + (n-1) \cdot 7$
すなわち $a_n = 7n - 107$

$7n - 107 > 0$ とすると $n > \dfrac{107}{7} = 15.2 \cdots\cdots$

これを満たす最小の自然数 n は $n = 16$
よって，初めて正の数になる項は，**第16項** である。 答

(2) (1)より，**初項から第15項までの和が最小** となり，その和は
$$\frac{1}{2} \cdot 15\{2 \cdot (-100) + (15-1) \cdot 7\} = -765 \quad 答$$

4 等比数列

まとめ

1 等比数列

初項に一定の数 r を次々と掛けて得られる数列を **等比数列** といい，その一定の数 r を **公比** という。

注意 一般に，等比数列の初項と公比は0であってもよいが，本書で扱う等比数列は，初項も公比も0でないものとする。

2 等比数列の一般項

初項 a，公比 r の等比数列 $\{a_n\}$ の一般項は
$$a_n = ar^{n-1}$$
← $r^0 = 1$ から $a_1 = a \cdot 1 = a$

3 等比数列の性質

等比数列は，項とその前の項の比が常に一定である。

等比数列 $\{a_n\}$ について，すべての自然数 n で，次の関係が成り立つ。

$$a_{n+1}=ra_n \quad \text{すなわち} \quad \frac{a_{n+1}}{a_n}=r$$

4 等比数列をなす 3 数

3 数 a, b, c が 0 でないとき，次のことが成り立つ。

数列 a, b, c が等比数列 $\iff$ $b^2=ac$

この b を **等比中項** という。

A 等比数列

教 p.18

練習 16 次のような等比数列の初項から第 4 項までを書け。

(1) 初項 1，公比 3　　(2) 初項 $-\dfrac{1}{2}$，公比 $-\dfrac{1}{2}$

指針 **等比数列の項** 前の項に公比 r を掛けて，次の項を求める。

解答 等比数列を $\{a_n\}$，公比を r とする。

(1) $a_2=a_1r=1\cdot3=3$, $a_3=a_2r=3\cdot3=9$

$a_4=a_3r=9\cdot3=27$

答 1, 3, 9, 27

(2) $a_2=-\dfrac{1}{2}\left(-\dfrac{1}{2}\right)=\dfrac{1}{4}$, $a_3=\dfrac{1}{4}\left(-\dfrac{1}{2}\right)=-\dfrac{1}{8}$

$a_4=-\dfrac{1}{8}\left(-\dfrac{1}{2}\right)=\dfrac{1}{16}$

答 $-\dfrac{1}{2}$, $\dfrac{1}{4}$, $-\dfrac{1}{8}$, $\dfrac{1}{16}$

教 p.19

練習 17 次の等比数列の公比を求めよ。また，□ に適する数を求めよ。

(1) 1, -2, 4, □, ……　　(2) □, 12, 4, □, ……

指針 **等比数列の決定** 等比数列であるから，隣り合う 2 つの項に着目して公比を求める。

解答 等比数列を $\{a_n\}$，公比を r とする。

(1) 公比は $1\cdot r=-2$ から $r=-2$

第 4 項は $a_4=4\cdot(-2)=-8$

$\leftarrow a_1r=a_2$

$\leftarrow a_4=a_3r$

答 公比 -2，□ は -8

(2) 公比は $12r=4$ から $r=\dfrac{1}{3}$

初項は $a_1\cdot\dfrac{1}{3}=12$ から $a_1=36$

第4項は $a_4=4\cdot\dfrac{1}{3}=\dfrac{4}{3}$

答 公比 $\dfrac{1}{3}$, □ は順に 36, $\dfrac{4}{3}$

B 等比数列の一般項

練習 18 教 p.19

次のような等比数列 $\{a_n\}$ の一般項 a_n を求めよ。また，第5項を求めよ。

(1) 初項2，公比3　　(2) 初項1，公比 -3

(3) 初項 -3，公比 $\dfrac{1}{2}$　　(4) 初項4，公比2

指針 等比数列の一般項 等比数列の一般項の公式 $a_n=ar^{n-1}$ に初項 a，公比 r を代入して一般項を求める。第5項は，得られた n の式に $n=5$ を代入すると求められる。

解答 (1) 初項2，公比3であるから

$$a_n=2\cdot3^{n-1} \quad 答$$

また，**第5項は** $a_5=2\cdot3^{5-1}=2\cdot3^4=162$ 答

(2) 初項1，公比 -3 であるから

$$a_n=1\cdot(-3)^{n-1}=(-3)^{n-1} \quad 答$$

また，**第5項は** $a_5=(-3)^{5-1}=81$ 答

(3) 初項 -3，公比 $\dfrac{1}{2}$ であるから

$$a_n=-3\left(\dfrac{1}{2}\right)^{n-1} \quad 答$$

また，**第5項は** $a_5=-3\left(\dfrac{1}{2}\right)^{5-1}=-\dfrac{3}{16}$ 答

(4) 初項4，公比2であるから

$$a_n=4\cdot2^{n-1}=2^{n+1} \quad 答$$

また，**第5項は** $a_5=2^{5+1}=64$ 答

【?】 教 p.20

a_6 を a_4 と r を用いて表すことで，r の値を求めてみよう。

解答　$a_4=24$, $a_6=96$ である。

また，$a_6=a_4r^2$ であるから　　$96=24r^2$

ゆえに　　$r^2=\dfrac{96}{24}=4$　　よって　　$r=\pm2$ 答

練習
19

教 p.20

次のような等比数列 $\{a_n\}$ の一般項 a_n を求めよ。

(1) 第 2 項が 6，第 4 項が 54　　(2) 第 3 項が -4，第 5 項が -16

指針　**等比数列の決定**　初項を a，公比を r として一般項の式を表し，そこに与えられた値を代入して，a と r の連立方程式を解いて求める。

解答　(1) 初項を a，公比を r とする。

第 2 項が 6 であるから　　$ar=6$　　……①

第 4 項が 54 であるから　　$ar^3=54$　　……②

①，② から　　$r^2=9$　　これを解くと　　$r=\pm3$

① から，$r=3$ のとき $a=2$，$r=-3$ のとき $a=-2$

よって，一般項は

$a_n=2\cdot3^{n-1}$　または　$a_n=-2(-3)^{n-1}$ 答

(2) 初項を a，公比を r とする。

第 3 項が -4 であるから　　$ar^2=-4$　　……①

第 5 項が -16 であるから　　$ar^4=-16$　　……②

①，② から　　$r^2=4$　　これを解くと　　$r=\pm2$

① から　　$r=2$ のとき $a=-1$，$r=-2$ のとき $a=-1$

よって，一般項は

$a_n=-2^{n-1}$　または　$a_n=-(-2)^{n-1}$ 答

C 等比数列の性質

練習
20

教 p.20

数列 3, x, 9, …… が等比数列であるとき，x の値を求めよ。

指針　**等比数列をなす 3 数**　0 でない 3 数 a, b, c について

数列 a, b, c が等比数列 $\Longleftrightarrow b^2=ac$

が成り立つ。

解答　数列 3, x, 9 は等比数列であるから

$x^2=3\cdot9=27$

よって　　$x=\pm\sqrt{27}=\pm3\sqrt{3}$ 答

5 等比数列の和

まとめ

等比数列の和

初項 a，公比 r の等比数列の初項から第 n 項までの和 S_n は

$\qquad$ $r \neq 1$ のとき $\qquad S_n = \dfrac{a(1-r^n)}{1-r}$ または $S_n = \dfrac{a(r^n-1)}{r-1}$

$\qquad$ $r = 1$ のとき $\qquad S_n = na$

注意 $r \neq 1$ のとき $\qquad \dfrac{1-r^n}{1-r} = 1 + r + r^2 + \cdots\cdots + r^{n-1}$

A 等比数列の和

練習 21

教 p.22

次の等比数列の初項から第 n 項までの和 S_n を求めよ。

(1) $1,\ 2,\ 2^2,\ 2^3,\ \cdots\cdots$ $\qquad$ (2) $2,\ -\dfrac{2}{3},\ \dfrac{2}{3^2},\ -\dfrac{2}{3^3},\ \cdots\cdots$

指針 **等比数列の和** まず初項，公比を求めて，和の公式にあてはめる。

$\qquad$ $r < 1$ のとき $\qquad S_n = \dfrac{a(1-r^n)}{1-r}$

$\qquad$ $r > 1$ のとき $\qquad S_n = \dfrac{a(r^n-1)}{r-1}$

解答 (1) 初項 1，公比 2 から $\qquad\qquad\qquad\qquad\qquad$ ← 公比 $r > 1$

$$S_n = \frac{1 \cdot (2^n - 1)}{2 - 1} = 2^n - 1 \quad \text{答}$$

(2) 初項 2，公比 $-\dfrac{1}{3}$ から $\qquad\qquad\qquad\qquad$ ← 公比 $r < 1$

$$S_n = \frac{2\left\{1 - \left(-\dfrac{1}{3}\right)^n\right\}}{1 - \left(-\dfrac{1}{3}\right)} = \frac{2\left\{1 - \left(-\dfrac{1}{3}\right)^n\right\}}{\dfrac{4}{3}} = \frac{3}{2}\left\{1 - \left(-\dfrac{1}{3}\right)^n\right\} \quad \text{答}$$

【?】

教 p.22

第 2 項から第 4 項までの和は $\dfrac{ar(1-r^3)}{1-r}$ とも表される。この理由を説明してみよう。

解答 第 2 項から第 4 項までの和 S は，第 2 項の ar を初項と考えると，初項から第 3 項，すなわち $(ar)r^2 = ar^3$ までの和となるから $\qquad S = \dfrac{ar(1-r^3)}{1-r}$

実際に $\dfrac{ar(1-r^3)}{1-r}=\dfrac{ar(1-r)(1+r+r^2)}{1-r}$

$$=ar(1+r+r^2)=ar+ar^2+ar^3$$

となり，教科書応用例題2の解答の等式 ② の左辺と一致する。 終

教 p.22

練習 22

初項から第3項までの和が 7，第3項から第5項までの和が 28 である等比数列の初項 a と公比 r を求めよ。

指針 **和が与えられた等比数列**

$$\underline{a+ar+ar^2}=7, \qquad ar^2+ar^3+ar^4=r^2\underline{(a+ar+ar^2)}$$

であることに着目し，まず r の値を求める。

解答 条件から $\quad a+ar+ar^2=7 \qquad \cdots\cdots$ ①

$$ar^2+ar^3+ar^4=28 \qquad \cdots\cdots ②$$

② から $\quad r^2(a+ar+ar^2)=28$

① を代入して $\quad 7r^2=28 \quad$ すなわち $\quad r^2=4$

よって $\quad r=\pm2$

$r=2$ を ① に代入すると $\quad a+2a+4a=7$

よって $\quad a=1$

$r=-2$ を ① に代入すると $\quad a-2a+4a=7$

よって $\quad a=\dfrac{7}{3}$

したがって $\quad a=1,\ r=2 \quad$ または $\quad a=\dfrac{7}{3},\ r=-2$ 答

研究 複利計算

まとめ

複利計算

一定期間の終わりごとに，その元利合計を次の期間の元金とする利息の計算は，**複利計算** とよばれる。

$a=100000$ で年利率が 2％であるとすると，10 年間の元利合計はどれくらいになるだろうか。

解答 a 円を n 年間預けると，元利合計は $a \cdot 1.02^n$ 円になる。

したがって，10 年間に毎年初めに a 円ずつ積み立てたお金の元利合計 S 円は，次のようになる。

$$S = a(1.02 + 1.02^2 + 1.02^3 + \cdots + 1.02^{10})$$

（　）内は，初項 1.02，公比 1.02，項数 10 の等比数列の和であるから

$$S = a \cdot \frac{1.02(1.02^{10}-1)}{1.02-1}$$

$1.02^{10} \fallingdotseq 1.219$ であるから $S \fallingdotseq 11.169a$ となる。$a=100000$ のとき，10 年間の元利合計は，**およそ 111 万 6900 円**である。 答

第1章 第1節　　問　題

1　第 10 項が 30，第 20 項が 0 である等差数列 $\{a_n\}$ がある。
　(1)　初項と公差を求めよ。また，一般項 a_n を求めよ。
　(2)　-48 は第何項か。

指針　**等差数列の一般項**　初項 a，公差 d の等差数列の一般項 a_n は　$a_n=a+(n-1)d$
　(1)　$a_{10}=30$，$a_{20}=0$ から，a と d の連立方程式を立てて解く。
　(2)　(1)で求めた a と d の値から，$a_n=-48$ となる n の値を求める。

解答　(1)　初項を a，公差を d とすると　　$a_n=a+(n-1)d$
　　　第 10 項が 30 であるから　　$a+9d=30$　……①
　　　第 20 項が 0 であるから　　$a+19d=0$　……②
　　　①，② を解くと　　$a=57$，$d=-3$
　　　よって，**初項は 57，公差は -3** である。　答
　　　また，一般項 a_n は　　$a_n=57+(n-1)\cdot(-3)$
　　　すなわち　　　　　　$a_n=-3n+60$　答
　(2)　(1)から　　$-3n+60=-48$
　　　これを解くと　　$n=36$
　　　よって，-48 はこの数列の **第 36 項** である。　答

2　等差数列 $\{a_n\}$ の初項から第 n 項までの和を S_n とする。
　$a_3=4$，$S_4=20$ のとき，次の問いに答えよ。
　(1)　数列 $\{a_n\}$ の初項と公差を求めよ。　　(2)　S_n を求めよ。

指針　**等差数列の初項と公差，和**　初項 a，公差 d の等差数列 $\{a_n\}$ の一般項 a_n は，
$a_n=a+(n-1)d$，初項から第 n 項までの和 S_n は

$$S_n=\frac{1}{2}n\{2a+(n-1)d\}$$

　(1)　$a_3=4$，$S_4=20$ から a，d の値を求める。

解答　(1)　数列 $\{a_n\}$ の初項を a，公差を d とすると，$a_3=4$ から
　　　　　　　　$a+2d=4$　……①
　　　また，$S_4=20$ から　　$\frac{1}{2}\cdot4\{2a+(4-1)d\}=20$
　　　式を整理すると　　$2a+3d=10$　……②
　　　①，② を解いて　　$a=8$，$d=-2$　　答　**初項 8，公差 -2**

(2) (1)から

$$S_n = \frac{1}{2}n\{2\cdot 8 + (n-1)\cdot(-2)\}$$

$$= \frac{1}{2}n(-2n+18)$$

$$= -n(n-9) \quad \text{答}$$

3 1から100までの自然数について，次の和を求めよ。

  (1) 5の倍数の和   (2) 5の倍数でない数の和

指針 **倍数の和**

等差数列の和の公式 $S_n = \frac{1}{2}n(a+l)$ を用いて求めることもできるが，本問では，自然数の和の公式を用いて求める。

$$1+2+3+\cdots\cdots+n = \frac{1}{2}n(n+1)$$

(2) 次の関係を利用する。

  (5の倍数の和)＋(5の倍数でない数の和)＝(自然数の和)

解答 (1) 1から100までの自然数のうち，5の倍数は

  5，10，15，……，100

これらの和は

$$5+10+15+\cdots\cdots+100 = 5(1+2+3+\cdots\cdots+20)$$

$$= 5\times\frac{1}{2}\cdot 20(20+1)$$

$$= 1050 \quad \text{答}$$

(2) 1から100までの自然数のうち，5の倍数でない数の和は，1から100までの自然数の和から5の倍数の和を除いた数である。

1から100までの自然数の和は $\frac{1}{2}\cdot 100(100+1) = 5050$

(1)から，求める和は

  $5050 - 1050 = 4000$ 答

4 初項が200，公差が-6の等差数列$\{a_n\}$について，初項から第何項までの和が最大であるか。また，その和を求めよ。

指針 **等差数列の項と和の最大**

和が最大となるのは，初項から正の項すべてを足した場合である。

よって，$a_n < 0$ となる最小の自然数 n を求めると，初項から第$(n-1)$項までの和が最大となる。

:2:2:2:2:2:2:2:2:2:2:2:2:2:2:2:2:2:2:2:2:2:2:2:2:2:2

解答 初項を a，公比を r とする。

第 2 項が 3 であるから $ar=3$ ……①

初項から第 3 項までの和が 13 であるから $a+ar+ar^2=13$

① より $a=\dfrac{3}{r}$ であるから $\dfrac{3}{r}+3+3r=13$

ゆえに $3r^2-10r+3=0$

因数分解して $(r-3)(3r-1)=0$ よって $r=3,\ \dfrac{1}{3}$

$r=3$ のとき $a=\dfrac{3}{3}=1$

$r=\dfrac{1}{3}$ のとき $a=\dfrac{3}{\frac{1}{3}}=9$

答 初項 1，公比 3 または 初項 9，公比 $\dfrac{1}{3}$

教 p.24

7 a，b は異なる実数とする。

(1) 数列 1，a，b が等差数列であるとする。このとき，1，a，b を並べかえると等比数列が作れるような a，b の値をすべて求めよ。

(2) 数列 1，a，b が等比数列であるとする。このとき，1，a，b を並べかえると等差数列が作れるような a，b の値をすべて求めよ。

指針 **等差中項・等比中項の性質利用** 数列 x，y，z が

[1] 等差数列ならば，$2y=x+z$ が成り立つ

[2] 等比数列ならば，$y^2=xz$ が成り立つ

等差数列 x，y，z の y を **等差中項**，等比数列 x，y，z の y を **等比中項** という。

解答 数列 x，y，z が等差数列のとき，公差を d とすると $y=x+d$，$z=x+2d$

よって，$2y=x+z$ が成り立つ。 ……①

また，数列 x，y，z が等比数列のとき，公比を r とすると $y=xr$，$z=xr^2$

よって，$y^2=xz$ が成り立つ。 ……②

(1) 数列 1，a，b が等差数列のとき，① から $2a=b+1$

ゆえに $b=2a-1$

ただし，$a \neq b$ から $a \neq 2a-1$ よって $a \neq 1$

このとき，1，a，b を並べかえてできる数列が等比数列になるとすると，数列の中央の数，すなわち等比中項は，1 または a または b の 3 通り考えられる。

[1] 等比中項が 1 のとき

② より $1^2=ab$ であるから $a(2a-1)=1$

よって $(a-1)(2a+1)=0$

$a \neq 1$ から $a=-\dfrac{1}{2}$　　このとき　　$b=2a-1=-2$

逆に，このとき，数列 1, a, b は公差が $-\dfrac{3}{2}$ の等差数列で，

数列 a, 1, b および b, 1, a は，公比がそれぞれ -2, $-\dfrac{1}{2}$ の等比数列

であるから，条件を満たす。

[2]　等比中項が a のとき

② より $a^2=b$ であるから　　$a^2=2a-1$

よって　　$(a-1)^2=0$

これを解くと $a=1$ であるが，$a \neq 1$ に反するから，不適。

[3]　等比中項が b のとき

② より $b^2=a$ であるから　　$(2a-1)^2=a$

よって　　$(a-1)(4a-1)=0$

$a \neq 1$ から　　$a=\dfrac{1}{4}$　　このとき　　$b=2a-1=-\dfrac{1}{2}$

逆に，このとき，数列 1, a, b は公差が $-\dfrac{3}{4}$ の等差数列で，

数列 1, b, a および a, b, 1 は，公比がそれぞれ $-\dfrac{1}{2}$, -2 の等比数列

であるから，条件を満たす。

以上から　　$a=-\dfrac{1}{2}$, $b=-2$　または　$a=\dfrac{1}{4}$, $b=-\dfrac{1}{2}$　答

(2)　数列 1, a, b が等比数列のとき，② から $a^2=b$ が成り立つ。

ただし，$a \neq b$ から　　$a \neq a^2$　　すなわち　　$a \neq 0, 1$

このとき，1, a, b を並べかえてできる数列が等差数列になるとき，中央の数，すなわち等差中項は，1 または a または b の 3 通り考えられる。

[1]　等差中項が 1 のとき

① より $2=a+b$ であるから　　$2=a+a^2$

よって　　$(a-1)(a+2)=0$

$a \neq 1$ から　　$a=-2$　　このとき　　$b=a^2=4$

逆に，このとき，数列 1, a, b は，公比が -2 の等比数列で，

数列 a, 1, b および b, 1, a は，公差がそれぞれ 3, -3 の等差数列であるから，条件を満たす。

[2]　等差中項が a のとき

① より $2a=b+1$ であるから　　$2a=a^2+1$

よって　　$(a-1)^2=0$

これを解くと $a=1$ であるが，$a \neq 1$ に反するから，不適。

[3] 等差中項が b のとき

① より $2b=a+1$ であるから $2a^2=a+1$

よって $(a-1)(2a+1)=0$

$a \neq 1$ から $a=-\dfrac{1}{2}$ このとき $b=a^2=\dfrac{1}{4}$

逆に，このとき，数列 1, a, b は，公比が $-\dfrac{1}{2}$ の等比数列で，

数列 1, b, a および a, b, 1 は，公差がそれぞれ $-\dfrac{3}{4}$, $\dfrac{3}{4}$ の等差数列

であるから，条件を満たす。

以上から $a=-2,\ b=4$ または $a=-\dfrac{1}{2},\ b=\dfrac{1}{4}$ 答

第2節 いろいろな数列

6 和の記号 $\sum$

まとめ

1 和の記号 $\sum$

数列 $\{a_n\}$ について，初項から第 n 項までの和を，第 k 項 $a_k (1 \leqq k \leqq n)$ と和の記号 $\sum$ を用いて $\displaystyle\sum_{k=1}^{n} a_k$ と書く。

$$\sum_{k=1}^{n} a_k = a_1 + a_2 + a_3 + \cdots\cdots + a_n$$

2 自然数に関する和の公式

$$\sum_{k=1}^{n} c = nc \quad とくに \quad \sum_{k=1}^{n} 1 = n, \qquad \sum_{k=1}^{n} k = \frac{1}{2}n(n+1)$$

$$\sum_{k=1}^{n} k^2 = \frac{1}{6}n(n+1)(2n+1), \qquad \sum_{k=1}^{n} k^3 = \left\{\frac{1}{2}n(n+1)\right\}^2$$

3 和の記号 $\sum$ の性質

[1] $\displaystyle\sum_{k=1}^{n}(a_k + b_k) = \sum_{k=1}^{n} a_k + \sum_{k=1}^{n} b_k$

[2] $\displaystyle\sum_{k=1}^{n} pa_k = p\sum_{k=1}^{n} a_k$ 　　ただし，p は k に無関係な定数

注意 $\displaystyle\sum_{k=1}^{n}(a_k - b_k) = \sum_{k=1}^{n} a_k - \sum_{k=1}^{n} b_k$ も成り立つ。

A 和の記号 $\sum$

練習 23

教 p.25

次の和を，教科書例 11 のように，項を書き並べて表せ。

(1) $\displaystyle\sum_{k=1}^{n}(2k-1)$ 　　(2) $\displaystyle\sum_{k=3}^{8} 2^{k-1}$ 　　(3) $\displaystyle\sum_{k=1}^{n-1}\frac{1}{k}$

指針 **和の記号 $\sum$** 　一般項が a_k のときの $k=1$ から $k=n$ までの和は，$\sum$ によって

$\displaystyle\sum_{k=1}^{n} a_k = a_1 + a_2 + \cdots\cdots + a_n$ と表される。

解答 (1) $\displaystyle\sum_{k=1}^{n}(2k-1) = (2\cdot1-1)+(2\cdot2-1)+(2\cdot3-1)+\cdots\cdots+(2n-1)$

$$= 1+3+5+\cdots\cdots+(2n-1) \quad 答$$

(2) $\displaystyle\sum_{k=3}^{8} 2^{k-1} = 2^{3-1}+2^{4-1}+2^{5-1}+2^{6-1}+2^{7-1}+2^{8-1}$

$$= 2^2+2^3+2^4+2^5+2^6+2^7 \quad 答$$

(3) $\displaystyle\sum_{k=1}^{n-1}\frac{1}{k}=1+\frac{1}{2}+\frac{1}{3}+\cdots\cdots+\frac{1}{n-1}$ 答

練習
24

教 p.26

次の和を，和の記号 $\sum$ を用いて表せ。

(1) $1+2+3+4+5+6$ (2) $1^2+3^2+5^2+7^2+9^2+11^2$

指針 **和を $\sum$ を用いて表す**

(2) 1 から 11 までの奇数の平方の和。k を自然数とすると，奇数は $2k-1$
$2k-1=11$ のとき，$k=6$ である。

解答 (1) 1 から 6 までの自然数の和であるから
$$1+2+3+4+5+6=\sum_{k=1}^{6}k \quad \text{答}$$

(2) 1 から 11 までの奇数の平方の和であるから
$$1^2+3^2+5^2+7^2+9^2+11^2=\sum_{k=1}^{6}(2k-1)^2 \quad \text{答}$$

練習
25

教 p.26

次の等式が成り立つように，○，□ に適する数や式を答えよ。
$$\sum_{k=1}^{n}(k+1)=\sum_{k=○}^{□}k$$

指針 **$\sum$ の性質** $k+1$ は，$k=1$ のとき 2 よって，和は 2 からスタートする。

解答 $\displaystyle\sum_{k=1}^{n}(k+1)=2+3+4+\cdots\cdots+(n+1)=\sum_{k=2}^{n+1}k$

よって ○ に適するのは 2，□ に適するのは $n+1$ 答

練習
26

教 p.26

次の和を求めよ。

(1) $\displaystyle\sum_{k=1}^{n}5^{k-1}$ (2) $\displaystyle\sum_{k=1}^{n-1}3^k$

指針 **$\sum$ で表された等比数列の和** 次の公式を利用する。
$$\sum_{k=1}^{n}r^{k-1}=1+r+r^2+\cdots\cdots+r^{n-1}=\frac{r^n-1}{r-1} \quad (r\neq1)$$

解答 (1) $\displaystyle\sum_{k=1}^{n}5^{k-1}=\frac{5^n-1}{5-1}=\frac{1}{4}(5^n-1)$ 答

(2) $\displaystyle\sum_{k=1}^{n-1}3^k=\frac{3(3^{n-1}-1)}{3-1}=\frac{1}{2}(3^n-3)$ 答

B 自然数の累乗の和

練習 27

恒等式 $k^4-(k-1)^4=4k^3-6k^2+4k-1$ を用いて，次の等式を証明せよ。

$$\sum_{k=1}^{n} k^3=1^3+2^3+3^3+\cdots\cdots+n^3=\left\{\frac{1}{2}n(n+1)\right\}^2$$

指針 **自然数の立方の和** $(k-1)^4=(k^2-2k+1)^2=k^4-4k^3+6k^2-4k+1$ であるから，恒等式 $k^4-(k-1)^4=4k^3-6k^2+4k-1$ が成り立つ。

$k=1$ から $k=n$ までの $k^4-(k-1)^4$ の和は n^4 であることに着目。

解答 $k^4-(k-1)^4=4k^3-6k^2+4k-1$ において，k に 1 から n までを順に代入すると

$k=1$ のとき $\qquad 1^4-0^4=4\cdot1^3-6\cdot1^2+4\cdot1-1$

$k=2$ のとき $\qquad 2^4-1^4=4\cdot2^3-6\cdot2^2+4\cdot2-1$

$k=3$ のとき $\qquad 3^4-2^4=4\cdot3^3-6\cdot3^2+4\cdot3-1$

$\qquad\cdots\cdots\qquad\qquad\cdots\cdots\cdots$

$k=n$ のとき $\qquad n^4-(n-1)^4=4\cdot n^3-6\cdot n^2+4\cdot n-1$

これら n 個の等式の辺々を加えると

$$n^4=4(1^3+2^3+3^3+\cdots\cdots+n^3)-6(1^2+2^2+3^2+\cdots\cdots+n^2)$$
$$+4(1+2+3+\cdots\cdots+n)-1\times n$$

すなわち $\qquad n^4=4\displaystyle\sum_{k=1}^{n}k^3-6\sum_{k=1}^{n}k^2+4\sum_{k=1}^{n}k-n$

$$=4\sum_{k=1}^{n}k^3-6\cdot\frac{1}{6}n(n+1)(2n+1)+4\cdot\frac{1}{2}n(n+1)-n$$

よって $\qquad 4\displaystyle\sum_{k=1}^{n}k^3=n^4+n(n+1)(2n+1)-2n(n+1)+n$

$$=n(n^3+2n^2+n)=\{n(n+1)\}^2$$

したがって $\qquad \displaystyle\sum_{k=1}^{n}k^3=1^3+2^3+3^3+\cdots\cdots+n^3=\left\{\frac{1}{2}n(n+1)\right\}^2$ 終

練習 28

次の和を求めよ。

(1) $\displaystyle\sum_{k=1}^{15}2$ $\qquad$ (2) $\displaystyle\sum_{k=1}^{50}k$ $\qquad$ (3) $\displaystyle\sum_{k=1}^{12}k^2$ $\qquad$ (4) $\displaystyle\sum_{k=1}^{7}k^3$

指針 **数列の和の公式** 和の公式 $\displaystyle\sum_{k=1}^{n}c=nc$, $\displaystyle\sum_{k=1}^{n}k=\frac{1}{2}n(n+1)$,

$\displaystyle\sum_{k=1}^{n}k^2=\frac{1}{6}n(n+1)(2n+1)$, $\displaystyle\sum_{k=1}^{n}k^3=\left\{\frac{1}{2}n(n+1)\right\}^2$ を用いる。

解答 (1) $\displaystyle\sum_{k=1}^{15} 2 = 15 \cdot 2 = 30$ 答

(2) $\displaystyle\sum_{k=1}^{50} k = \dfrac{1}{2} \cdot 50(50+1) = \dfrac{1}{2} \cdot 50 \cdot 51 = 1275$ 答

(3) $\displaystyle\sum_{k=1}^{12} k^2 = \dfrac{1}{6} \cdot 12(12+1)(2 \cdot 12+1)$

$\qquad = \dfrac{1}{6} \cdot 12 \cdot 13 \cdot 25 = 650$ 答

(4) $\displaystyle\sum_{k=1}^{7} k^3 = \left\{ \dfrac{1}{2} \cdot 7(7+1) \right\}^2 = (7 \cdot 4)^2$

$\qquad = 28^2 = 784$ 答

C 和の記号 $\sum$ の性質

練習
29

次の和を求めよ。

(1) $\displaystyle\sum_{k=1}^{n} (4k-5)$

(2) $\displaystyle\sum_{k=1}^{n} (3k^2 - 7k + 4)$

(3) $\displaystyle\sum_{k=1}^{n} (k^3 + k)$

(4) $\displaystyle\sum_{k=1}^{n-1} 2k^3$

指針 $\sum$ **の計算** 次の公式と $\sum$ の性質を利用する。

$\displaystyle\sum_{k=1}^{n} k = \dfrac{1}{2} n(n+1), \qquad \sum_{k=1}^{n} c = nc$

$\displaystyle\sum_{k=1}^{n} k^2 = \dfrac{1}{6} n(n+1)(2n+1), \qquad \sum_{k=1}^{n} k^3 = \left\{ \dfrac{1}{2} n(n+1) \right\}^2$

解答 (1) $\displaystyle\sum_{k=1}^{n} (4k-5) = 4 \sum_{k=1}^{n} k - \sum_{k=1}^{n} 5 = 4 \cdot \dfrac{1}{2} n(n+1) - 5n$

$\qquad = 2n^2 + 2n - 5n = 2n^2 - 3n = \boldsymbol{n(2n-3)}$ 答

(2) $\displaystyle\sum_{k=1}^{n} (3k^2 - 7k + 4) = 3 \sum_{k=1}^{n} k^2 - 7 \sum_{k=1}^{n} k + \sum_{k=1}^{n} 4$

$\qquad\qquad = 3 \cdot \dfrac{1}{6} n(n+1)(2n+1) - 7 \cdot \dfrac{1}{2} n(n+1) + 4n$

$\qquad\qquad = n \left(n^2 + \dfrac{3}{2} n + \dfrac{1}{2} - \dfrac{7}{2} n - \dfrac{7}{2} + 4 \right)$

$\qquad\qquad = \boldsymbol{n(n-1)^2}$ 答

(3) $\displaystyle\sum_{k=1}^{n} (k^3 + k) = \sum_{k=1}^{n} k^3 + \sum_{k=1}^{n} k = \left\{ \dfrac{1}{2} n(n+1) \right\}^2 + \dfrac{1}{2} n(n+1)$

$\qquad = \dfrac{1}{2} n(n+1) \left\{ \dfrac{1}{2} n(n+1) + 1 \right\} = \boldsymbol{\dfrac{1}{4} n(n+1)(n^2+n+2)}$ 答

(4) $\displaystyle\sum_{k=1}^{n-1} 2k^3 = 2 \sum_{k=1}^{n-1} k^3 = 2 \left[\dfrac{1}{2}(n-1)\{(n-1)+1\} \right]^2 = \boldsymbol{\dfrac{1}{2} \{n(n-1)\}^2}$ 答

練習 30
次の問いに答えよ。
(1) 数列 $1\cdot3,\ 2\cdot4,\ 3\cdot5,\ \cdots\cdots,\ n(n+2)$ の第 k 項を k の式で表せ。
(2) 和 $1\cdot3+2\cdot4+3\cdot5+\cdots\cdots+n(n+2)$ を求めよ。

指針 **異なる2つの項の積の和** 第 k 項を k の多項式で表して, $\sum$ の性質を利用する。

解答 (1) 積の右側は, 左側より常に2大きい。
　　よって, 第 k 項は $\qquad k(k+2)$ 答

(2) (1)より, 第 k 項が $k(k+2)$ である数列の, 初項から第 n 項までの和であるから

$$\sum_{k=1}^{n} k(k+2)=\sum_{k=1}^{n}(k^2+2k)=\sum_{k=1}^{n}k^2+2\sum_{k=1}^{n}k$$

$$=\frac{1}{6}n(n+1)(2n+1)+2\cdot\frac{1}{2}n(n+1)$$

$$=\frac{1}{6}n(n+1)\{(2n+1)+6\}$$

$$=\frac{1}{6}n(n+1)(2n+7)\quad 答$$

練習 31
次の和を求めよ。
$$1\cdot2\cdot3+2\cdot3\cdot4+3\cdot4\cdot5+\cdots\cdots+n(n+1)(n+2)$$

指針 **異なる3つの項の積の和** 第 k 項を k の多項式で表す。

解答 これは, 第 k 項が $k(k+1)(k+2)$ である数列の, 初項から第 n 項までの和である。
　　よって, 求める和は

$$\sum_{k=1}^{n}k(k+1)(k+2)=\sum_{k=1}^{n}(k^3+3k^2+2k)=\sum_{k=1}^{n}k^3+3\sum_{k=1}^{n}k^2+2\sum_{k=1}^{n}k$$

$$=\left\{\frac{1}{2}n(n+1)\right\}^2+3\cdot\frac{1}{6}n(n+1)(2n+1)+2\cdot\frac{1}{2}n(n+1)$$

$$=\frac{1}{4}n(n+1)\{n(n+1)+2(2n+1)+4\}$$

$$=\frac{1}{4}n(n+1)(n^2+5n+6)$$

$$=\frac{1}{4}n(n+1)(n+2)(n+3)\quad 答$$

7 階差数列

まとめ

1 階差数列

数列 $\{a_n\}$ の隣り合う 2 項の差

$$a_{n+1}-a_n=b_n \quad (n=1,\ 2,\ 3,\ \cdots\cdots)$$

を項とする数列 $\{b_n\}$ を，数列 $\{a_n\}$ の **階差数列** という。

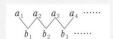

2 階差数列と一般項

数列 $\{a_n\}$ の階差数列を $\{b_n\}$ とすると

$$n\geqq 2 \text{ のとき} \qquad a_n=a_1+\sum_{k=1}^{n-1}b_k$$

注意 上の a_n は $n\geqq 2$ のときの式であるから，$n=1$ で成り立つとは限らず，別に確かめる必要がある。

3 数列の和と一般項

数列 $\{a_n\}$ の初項 a_1 から第 n 項 a_n までの和を S_n とすると

初項 a_1 は $\qquad a_1=S_1$

$n\geqq 2$ のとき $\qquad a_n=S_n-S_{n-1}$

A 階差数列

練習 32

階差数列を考えて，次の数列の第 6 項，第 7 項を求めよ。

$$1,\ 2,\ 5,\ 10,\ 17,\ \cdots\cdots$$

指針 **階差数列の項** 数列 $\{a_n\}$ とその階差数列 $\{b_n\}$ の間には，$a_{n+1}-a_n=b_n$ という関係が成り立っている。

よって，数列 $\{a_n\}$ の第 6 項を求めるには，$a_6-a_5=b_5$ により，$a_6=a_5+b_5$ を求めればよい。

解答 $\qquad 1,\ 2,\ 5,\ 10,\ 17,\ \cdots\cdots \qquad ①$

この数列の隣り合う 2 項の差を順に並べると

$\qquad 1,\ 3,\ 5,\ 7,\ \cdots\cdots \qquad\qquad ②$

数列 ① を $\{a_n\}$，数列 ② を $\{b_n\}$ とすると，$\{b_n\}$ は $\{a_n\}$ の階差数列である。

数列 $\{b_n\}$ は初項 1，公差 2 の等差数列であるから，一般項は

$$b_n=1+(n-1)\cdot 2=2n-1$$

よって $\qquad a_6=a_5+b_5=17+2\cdot 5-1=26$

$\qquad\qquad a_7=a_6+b_6=26+2\cdot 6-1=37$

圏 第 6 項 26，第 7 項 37

【?】 $a_n = n^2 - n + 1$ が $n = 1$ のときにも成り立つことを確認したのはなぜ
だろうか。

解答 教科書例題 5 の解答の 4 行目で示した式 $a_n = n^2 - n + 1$ は，$n \geqq 2$ の条件がつ
く。求める一般項 a_n は $n = 1$ のときも含むから，$n = 1$ のときも
$a_n = n^2 - n + 1$ が成り立つかどうかを確認する必要がある。 答

練習
33 階差数列を利用して，次の数列 $\{a_n\}$ の一般項を求めよ。

(1) 1, 2, 4, 7, 11, ……   (2) 2, 3, 5, 9, 17, ……

指針 **階差数列を利用した一般項** 階差数列を $\{b_n\}$ とすると $\{a_n\}$ の一般項は

$a_n = a_1 + \displaystyle\sum_{k=1}^{n-1} b_k (n \geqq 2)$ である。また，$n = 1$ のとき成り立つかどうかも調べる。

解答 (1) 数列 $\{a_n\}$ の階差数列は

$$1, \ 2, \ 3, \ 4, \ \cdots\cdots$$

その一般項を b_n とすると，$\{b_n\}$ は自然数の列であるから

$$b_n = n$$

よって，$n \geqq 2$ のとき

$$a_n = a_1 + \sum_{k=1}^{n-1} k = 1 + \frac{1}{2}(n-1)n$$

すなわち $a_n = \dfrac{1}{2}n^2 - \dfrac{1}{2}n + 1$

初項は $a_1 = 1$ であるから，この式は $n = 1$ のときにも成り立つ。

したがって，一般項は

$$a_n = \frac{1}{2}n^2 - \frac{1}{2}n + 1 \quad 答$$

(2) 数列 $\{a_n\}$ の階差数列は

$$1, \ 2, \ 4, \ 8, \ \cdots\cdots$$

その一般項を b_n とすると，$\{b_n\}$ は初項 1，公比 2 の等比数列であるから

$$b_n = 2^{n-1}$$

よって，$n \geqq 2$ のとき

$$a_n = a_1 + \sum_{k=1}^{n-1} 2^{k-1} = 2 + \frac{2^{n-1} - 1}{2 - 1}$$

すなわち $a_n = 2^{n-1} + 1$

初項は $a_1 = 2$ であるから，この式は $n = 1$ のときにも成り立つ。

したがって，一般項は

$$a_n = 2^{n-1} + 1 \quad 答$$

B 数列の和と一般項

教 p.32

【?】 $S_n=n^2+2n+1$ の場合，一般項 a_n はどのようになるだろうか。

解答 初項は $a_1=S_1=1^2+2\cdot1+1=4$ …… ①

$n\geqq2$ のとき $a_n=S_n-S_{n-1}=(n^2+2n+1)-\{(n-1)^2+2(n-1)+1\}$
$=n^2+2n+1-n^2=2n+1$

この式で $n=1$ とおくと $a_1=3$ となって，① を満たさない。

よって，求める一般項は $a_1=4,\ n\geqq2$ のとき $a_n=2n+1$ 答

練習
34

教 p.32

初項から第 n 項までの和 S_n が，$S_n=n^2-n$ で表される数列 $\{a_n\}$ の一般項 a_n を求めよ。

指針 **数列の和と一般項** 初項から第 n 項 a_n までの和 S_n がわかっているとき，一般項 a_n は，$a_n=S_n-S_{n-1}\ (n\geqq2)$，$a_1=S_1$ で与えられる。

解答 初項 a_1 は $a_1=S_1=1^2-1=0$ …… ①

$n\geqq2$ のとき $a_n=S_n-S_{n-1}$
$=n^2-n-\{(n-1)^2-(n-1)\}$

すなわち $a_n=2n-2$

① より $a_1=0$ であるから，この式は $n=1$ のときにも成り立つ。

よって，一般項は $a_n=2n-2$ 答

8 いろいろな数列の和

まとめ

和の求め方の工夫

① 分数の数列の和

$a\neq b$ のとき，$\dfrac{1}{(x-a)(x-b)}=\dfrac{1}{a-b}\left(\dfrac{1}{x-a}-\dfrac{1}{x-b}\right)$ を利用する。

② 数列 $\{a_nr^{n-1}\}$ の和 S

等比数列の和の公式を導いたのと同様に，S と rS の差を計算する。

A いろいろな数列の和

教 p.33

【?】 各項を差の形に変形したのはなぜだろうか。

解答 $\dfrac{1}{k(k+1)}=\dfrac{1}{k}-\dfrac{1}{k+1}$, $\dfrac{1}{(k+1)(k+2)}=\dfrac{1}{k+1}-\dfrac{1}{k+2}$ であり，これらを辺々加え

ると，右辺は $\dfrac{1}{k+1}$ が相殺されて $\dfrac{1}{k}-\dfrac{1}{k+2}$ となる。

同様にして，各項を差の形に変形してすべてを加えると，途中の式が相殺さ

れて，最初の1と最後の $-\dfrac{1}{n+1}$ が残り，和 S が求められるから。 答

練習 35
恒等式 $\dfrac{1}{(2k-1)(2k+1)}=\dfrac{1}{2}\left(\dfrac{1}{2k-1}-\dfrac{1}{2k+1}\right)$ を利用して，和

$S=\dfrac{1}{1\cdot3}+\dfrac{1}{3\cdot5}+\dfrac{1}{5\cdot7}+\cdots\cdots+\dfrac{1}{(2n-1)(2n+1)}$ を求めよ。

指針 **分数の数列の和** 与えられた恒等式を用いて各項を差の形に変形すると，ほ
とんどの項が互いに消し合う。

解答 $S=\dfrac{1}{1\cdot3}+\dfrac{1}{3\cdot5}+\dfrac{1}{5\cdot7}+\cdots\cdots+\dfrac{1}{(2n-1)(2n+1)}$

$=\dfrac{1}{2}\left(\dfrac{1}{1}-\dfrac{1}{3}\right)+\dfrac{1}{2}\left(\dfrac{1}{3}-\dfrac{1}{5}\right)+\dfrac{1}{2}\left(\dfrac{1}{5}-\dfrac{1}{7}\right)+\dfrac{1}{2}\left(\dfrac{1}{7}-\dfrac{1}{9}\right)$

$\qquad+\cdots\cdots+\dfrac{1}{2}\left(\dfrac{1}{2n-3}-\dfrac{1}{2n-1}\right)+\dfrac{1}{2}\left(\dfrac{1}{2n-1}-\dfrac{1}{2n+1}\right)$

$=\dfrac{1}{2}\left(1-\dfrac{1}{2n+1}\right)=\dfrac{2n+1-1}{2(2n+1)}$

$=\dfrac{n}{2n+1}$ 答

【?】 両辺に2を掛けたのはなぜだろうか。また，2はどのような数とい
えるだろうか。

解答 S に2を掛けるのは，$S-2S$ の計算式で等比数列 $\{2^{n-1}\}$ の和が現れ，その等
比数列の和の計算式が利用できるから。 答
また，掛ける数2は，上記の**等比数列の公比**である。 答

練習 36
次の和 S を求めよ。

$S=1\cdot1+2\cdot3+3\cdot3^2+\cdots\cdots+n\cdot3^{n-1}$

指針 **数列 $\{a_n r^{n-1}\}$ の和** 一般項が $n\cdot3^{n-1}$ で表される数列の和 S であるから，和 S
を求めるには S と $3S$ の差を計算する。

解答
$$S=1\cdot1+2\cdot3+3\cdot3^2+4\cdot3^3+\cdots\cdots+\qquad n\cdot3^{n-1}$$
$$3S=\qquad1\cdot3+2\cdot3^2+3\cdot3^3+\cdots\cdots+(n-1)\cdot3^{n-1}+n\cdot3^n$$

の辺々を引くと
$$S-3S=1+\quad3+\quad3^2+\quad3^3+\cdots\cdots+\qquad3^{n-1}-n\cdot3^n$$

ゆえに $\quad-2S=\dfrac{1\cdot(3^n-1)}{3-1}-n\cdot3^n$

よって $\quad S=\dfrac{\dfrac{3^n-1}{2}-n\cdot3^n}{-2}=-\dfrac{1}{4}(3^n-1-2n\cdot3^n)$

$$=\dfrac{1}{4}\{(2n-1)\cdot3^n+1\}\quad\boxed{答}$$

B 群に分けた数列

教 p.35

【？】
(1) 第 n 群の最初の数が，偶数の列の第$\{1+2+\cdots\cdots+(n-1)+1\}$ 項である理由を説明してみよう。

解答 第 $(n-1)$ 群の最後の数までに現れる正の偶数の個数は，1 から $n-1$ までの自然数の和 $A=1+2+\cdots\cdots+(n-1)$ であるから，第 n 群の最初の数は，偶数の列の$(A+1)$番目の数，すなわち偶数の列の第$\{1+2+\cdots\cdots+(n-1)+1\}$項である。 終

教 p.35

練習 37
正の奇数の列を，次のような群に分ける。ただし，第 n 群には n 個の数が入るものとする。

$$1\ \mid\ 3,\ 5\ \mid\ 7,\ 9,\ 11\ \mid\ 13,\ 15,\ 17,\ 19\ \mid\ 21,\ \cdots\cdots$$
第1群　第2群　　第3群　　　　第4群

(1) 第 n 群の最初の数を n の式で表せ。
(2) 第 15 群に入るすべての数の和 S を求めよ。

指針 **群に分けた数列(群数列)**
(1) 第 k 群には k 個の奇数を含むから，第 1 群から第 $(n-1)$ 群の末項までに $\{1+2+3+\cdots\cdots+(n-1)\}$ 個だけの奇数がある。よって，第 n 群の最初の項は，奇数の列 1, 3, 5, $\cdots\cdots$ の $\{1+2+3+\cdots\cdots+(n-1)+1\}$ 番目の項である。
(2) 奇数の列 1, 3, 5, $\cdots\cdots$ の $(1+2+3+\cdots\cdots+14+1)$ 番目の項を初項とし，公差が 2，項数 15 の等差数列の和である。

解答 (1) $n\geqq2$ のとき，第 1 群から第 $(n-1)$ 群までにある奇数の個数は
$$1+2+3+\cdots\cdots+(n-1)=\dfrac{1}{2}n(n-1)$$

よって，第 n 群の最初の奇数は $\left\{\dfrac{1}{2}n(n-1)+1\right\}$ 番目の奇数で

$$2\left\{\dfrac{1}{2}n(n-1)+1\right\}-1=n^2-n+1 \quad \text{答}$$

(2) 第 15 群の最初の奇数は，(1) から

$$15^2-15+1=211$$

求める和は初項 211，公差 2，項数 15 の等差数列の和であるから

$$S=\dfrac{1}{2}\cdot 15\{2\cdot 211+(15-1)\cdot 2\}=3375 \quad \text{答}$$

第1章 第2節　　　　問　題

教 p.36

8　次の和を求めよ。

(1) $\displaystyle\sum_{k=1}^{n}(3^k+2k+1)$　　(2) $\displaystyle\sum_{k=1}^{n}(k-1)(k+2)$　　(3) $\displaystyle\sum_{k=1}^{n}(k^3-k)$

指針　**∑の計算**

(1) ∑の性質を利用し，$\displaystyle\sum_{k=1}^{n}3^k$, $\displaystyle\sum_{k=1}^{n}k$, $\displaystyle\sum_{k=1}^{n}c$ で表す。$\displaystyle\sum_{k=1}^{n}3^k$ は，初項 3，公比 3，項数 n の等比数列の和である。

(2) まず，$(k-1)(k+2)$ を展開して，∑の性質を利用する。

解答　(1) $\displaystyle\sum_{k=1}^{n}(3^k+2k+1)=\sum_{k=1}^{n}3^k+2\sum_{k=1}^{n}k+\sum_{k=1}^{n}1$

$$=\frac{3(3^n-1)}{3-1}+2\cdot\frac{1}{2}n(n+1)+n$$

$$=\frac{3}{2}(3^n-1)+n^2+2n\quad \text{答}$$

(2) $\displaystyle\sum_{k=1}^{n}(k-1)(k+2)=\sum_{k=1}^{n}(k^2+k-2)$

$$=\sum_{k=1}^{n}k^2+\sum_{k=1}^{n}k-\sum_{k=1}^{n}2$$

$$=\frac{1}{6}n(n+1)(2n+1)+\frac{1}{2}n(n+1)-2n$$

$$=\frac{1}{6}n\{(n+1)(2n+1)+3(n+1)-12\}$$

$$=\frac{1}{6}n(2n^2+6n-8)=\frac{1}{3}n(n^2+3n-4)$$

$$=\frac{1}{3}n(n-1)(n+4)\quad \text{答}$$

(3) $\displaystyle\sum_{k=1}^{n}(k^3-k)=\sum_{k=1}^{n}k^3-\sum_{k=1}^{n}k=\left\{\frac{1}{2}n(n+1)\right\}^2-\frac{1}{2}n(n+1)$

$$=\frac{1}{2}n(n+1)\left\{\frac{1}{2}n(n+1)-1\right\}=\frac{1}{4}n(n+1)(n^2+n-2)$$

$$=\frac{1}{4}n(n-1)(n+1)(n+2)\quad \text{答}$$

教 p.36

9　$a_1=2$, $a_2=5$, $a_3=11$ を満たす数列 $\{a_n\}$ について，次の問いに答えよ。

(1) 階差数列が等差数列であるとき，数列 $\{a_n\}$ の一般項 a_n を求めよ。

(2) 階差数列が等比数列であるとき，数列 $\{a_n\}$ の一般項 a_n を求めよ。

指針 **階差数列と等差・等比数列**

$n \geqq 2$ の場合と $n=1$ の場合に分けて，まず，階差数列の一般項を求める。

解答 数列 $\{a_n\}$ の階差数列を $\{b_n\}$ とすると　　$b_1=3$，$b_2=6$

(1) 数列 $\{b_n\}$ が等差数列であるとき，数列 $\{b_n\}$ は初項 3，公差 3 の等差数列である。

ゆえに　　$b_n = 3+(n-1)\cdot 3 = 3n$

よって，$n \geqq 2$ のとき　　$a_n = 2 + \sum_{k=1}^{n-1} 3k = 2 + 3\cdot\dfrac{1}{2}(n-1)n$

すなわち　　$a_n = \dfrac{1}{2}(3n^2-3n+4)$

初項は $a_1=2$ であるから，この式は $n=1$ のときにも成り立つ。

したがって，一般項 a_n は　　$a_n = \dfrac{1}{2}(3n^2-3n+4)$　答

(2) 数列 $\{b_n\}$ が等比数列であるとき，数列 $\{b_n\}$ は初項 3，公比 2 の等比数列である。

ゆえに　　$b_n = 3\cdot 2^{n-1}$

よって，$n \geqq 2$ のとき　　$a_n = 2 + \sum_{k=1}^{n-1} 3\cdot 2^{k-1} = 2 + 3\cdot\dfrac{2^{n-1}-1}{2-1}$

すなわち　　$a_n = 3\cdot 2^{n-1}-1$

初項は $a_1=2$ であるから，この式は $n=1$ のときにも成り立つ。

したがって，一般項 a_n は　　$a_n = 3\cdot 2^{n-1}-1$　答

p.36

10 初項から第 n 項までの和 S_n が，次のように表される数列 $\{a_n\}$ の一般項 a_n を求めよ。

(1) $S_n = n^2+1$　　　　　　　(2) $S_n = 3^n-1$

指針 **数列の和と一般項**　$a_1=S_1$，$n \geqq 2$ のとき　$a_n = S_n-S_{n-1}$

解答 (1) 初項 a_1 は　　$a_1 = S_1 = 1^2+1 = 2$

$n \geqq 2$ のとき　　$a_n = S_n - S_{n-1} = (n^2+1)-\{(n-1)^2+1\}$

すなわち　　$a_n = 2n-1$

よって，一般項は

$$a_1=2, \ n \geqq 2 \text{ のとき} \quad a_n = 2n-1 \quad 答$$

(2) 初項 a_1 は　　$a_1 = S_1 = 3^1-1 = 2$

$n \geqq 2$ のとき　　$a_n = S_n - S_{n-1} = (3^n-1)-(3^{n-1}-1)$

$\qquad\qquad\qquad = 3^n-3^{n-1} = 3\cdot 3^{n-1}-3^{n-1} = (3-1)\cdot 3^{n-1}$

すなわち　　$a_n = 2\cdot 3^{n-1}$

初項は $a_1=2$ であるから，この式は $n=1$ のときにも成り立つ。

よって，一般項 a_n は　　$a_n = 2\cdot 3^{n-1}$　答

11 次の和を求めよ。

(1) $\displaystyle\sum_{k=1}^{n} \frac{1}{\sqrt{k+1}+\sqrt{k}}$ 　　　(2) $\displaystyle\sum_{k=1}^{n} \frac{2}{k(k+2)}$

指針 **差の形を利用する $\sum$ の計算**

(1) $\dfrac{1}{\sqrt{k+1}+\sqrt{k}}$ の分母を有理化すると，差の形になる。

(2) $\dfrac{2}{k(k+2)}=\dfrac{1}{k}-\dfrac{1}{k+2}$ と変形すると，差の形になる。

(1)，(2)ともに，ほとんどの項が互いに打ち消し合う。

解答 (1) $\dfrac{1}{\sqrt{k+1}+\sqrt{k}}=\dfrac{\sqrt{k+1}-\sqrt{k}}{(\sqrt{k+1}+\sqrt{k})(\sqrt{k+1}-\sqrt{k})}=\dfrac{\sqrt{k+1}-\sqrt{k}}{(k+1)-k}$

$\qquad\qquad\qquad\quad =\sqrt{k+1}-\sqrt{k}$

　　　よって　　　$\displaystyle\sum_{k=1}^{n}\dfrac{1}{\sqrt{k+1}+\sqrt{k}}$

$\qquad\qquad =\displaystyle\sum_{k=1}^{n}(\sqrt{k+1}-\sqrt{k})$

$\qquad\qquad =(\sqrt{2}-\sqrt{1})+(\sqrt{3}-\sqrt{2})+(\sqrt{4}-\sqrt{3})$
$\qquad\qquad\qquad\qquad +\cdots\cdots+(\sqrt{n}-\sqrt{n-1})+(\sqrt{n+1}-\sqrt{n})$

$\qquad\qquad =\sqrt{n+1}-1$ 　答

(2) $\dfrac{2}{k(k+2)}=\dfrac{1}{k}-\dfrac{1}{k+2}$

　　　よって　　　$\displaystyle\sum_{k=1}^{n}\dfrac{2}{k(k+2)}$

$\qquad\qquad =\displaystyle\sum_{k=1}^{n}\left(\dfrac{1}{k}-\dfrac{1}{k+2}\right)$

$\qquad\qquad =\left(\dfrac{1}{1}-\dfrac{1}{3}\right)+\left(\dfrac{1}{2}-\dfrac{1}{4}\right)+\left(\dfrac{1}{3}-\dfrac{1}{5}\right)+\left(\dfrac{1}{4}-\dfrac{1}{6}\right)$
$\qquad\qquad\qquad +\cdots\cdots+\left(\dfrac{1}{n-2}-\dfrac{1}{n}\right)+\left(\dfrac{1}{n-1}-\dfrac{1}{n+1}\right)+\left(\dfrac{1}{n}-\dfrac{1}{n+2}\right)$

$\qquad\qquad =1+\dfrac{1}{2}-\dfrac{1}{n+1}-\dfrac{1}{n+2}=\dfrac{3(n+1)(n+2)-2(n+2)-2(n+1)}{2(n+1)(n+2)}$

$\qquad\qquad =\dfrac{3n^2+9n+6-2n-4-2n-2}{2(n+1)(n+2)}=\dfrac{3n^2+5n}{2(n+1)(n+2)}$

$\qquad\qquad =\dfrac{n(3n+5)}{2(n+1)(n+2)}$ 　答

教 p.36

12 次の和 S を求めよ。
$$S = 1 \cdot 1 + 3 \cdot 3 + 5 \cdot 3^2 + \cdots\cdots + (2n-1) \cdot 3^{n-1}$$

指針 **数列 $\{a_n r^{n-1}\}$ の和** 一般項が $(2n-1) \cdot 3^{n-1}$ で表される数列の和であるから，和 S を求めるには S と $3S$ の差を計算する。

解答
$$S = 1 \cdot 1 + 3 \cdot 3 + 5 \cdot 3^2 + 7 \cdot 3^3 + \cdots\cdots + (2n-1) \cdot 3^{n-1}$$
$$3S = \qquad 1 \cdot 3 + 3 \cdot 3^2 + 5 \cdot 3^3 + \cdots\cdots + (2n-3) \cdot 3^{n-1} + (2n-1) \cdot 3^n$$

の辺々を引くと
$$S - 3S = 1 + \quad 2 \cdot 3 + 2 \cdot 3^2 + 2 \cdot 3^3 + \cdots\cdots + 2 \cdot 3^{n-1} - (2n-1) \cdot 3^n$$

ゆえに
$$-2S = 1 + 2(3 + 3^2 + 3^3 + \cdots\cdots + 3^{n-1}) - (2n-1) \cdot 3^n$$
$$= 1 + 2 \cdot \frac{3 \cdot (3^{n-1} - 1)}{3 - 1} - (2n-1) \cdot 3^n$$
$$= -(2n-2) \cdot 3^n - 2$$

よって $\quad S = (n-1) \cdot 3^n + 1$ 答

教 p.36

13 自然数 k を小さい順に k 個ずつ並べてできる次のような数列を考える。
$$1, \ 2, \ 2, \ 3, \ 3, \ 3, \ 4, \ 4, \ 4, \ 4, \ 5, \ \cdots\cdots$$
(1) 自然数 n が初めて現れるのは第何項かを n を用いて表せ。
(2) 第 50 項を求めよ。
(3) 初項から第 50 項までの和を求めよ。

指針 **群に分けた数列（群数列）** まず，同じ数字の集合を 1 つの群とみる。
(2) 第 n 群にあるとすると，第 $(n-1)$ 群の最後の項までの項数は 50 より小さい。
(3) 第 1 群から第 n 群までの項の和は $\quad \displaystyle\sum_{k=1}^{n} k^2$

解答 (1) 与えられた数列を，次のように同じ数ごとの群に分ける。

$$1 \ \mid \ 2, \ 2 \ \mid \ 3, \ 3, \ 3 \ \mid \ 4, \ 4, \ 4, \ 4 \ \mid \ 5, \ \cdots\cdots$$
第 1 群　第 2 群　　第 3 群　　　　第 4 群　　　　　　 ……

第 k 群には k 個の自然数 k が入っている。

$n \geqq 2$ のとき，第 1 群から第 $(n-1)$ 群までの項数は
$$1 + 2 + 3 + \cdots\cdots + (n-1) = \frac{1}{2} n(n-1)$$

n が初めて現れるのは第 n 群の最初の項，すなわち第 $\left\{\dfrac{1}{2} n(n-1) + 1\right\}$ 項であり，これは $n=1$ のときにも成り立つ。

よって，自然数 n が初めて現れるのは　第 $\left\{\dfrac{1}{2}(n^2 - n + 2)\right\}$ 項 答

(2) (1)から，第1群から第9群までの項数は $\dfrac{1}{2}\cdot 10\cdot 9=45$

第1群から第10群までの項数は $\dfrac{1}{2}\cdot 11\cdot 10=55$

ゆえに，第46項から第55項は第10群の項である。

よって，第50項は 10 答

(3) 第k群には自然数kがk個入っているから，第1群から第9群までの項の和，すなわち初項から第45項までの和は

$$1\cdot 1+2\cdot 2+3\cdot 3+\cdots\cdots+9\cdot 9=\sum_{k=1}^{9}k^2=\frac{1}{6}\cdot 9(9+1)(2\cdot 9+1)=285$$

また，第10群の項のうち第50項までの和，すなわち第46項から第50項までの和は，第10群の項がすべて10であるから

$$10(50-46+1)=50$$

よって，初項から第50項までの和は 285+50=335 答

第3節　漸化式と数学的帰納法

⑨　漸化式

1　漸化式

数列 $\{a_n\}$ は，次の2つの条件[1]，[2]を与えると，a_2, a_3, a_4, …… が順に求められ，すべての項がただ1通りに定まる。

[1]　初項 a_1

[2]　a_n から a_{n+1} を決める関係式 $(n=1, 2, 3, ……)$

[2]のように，数列において前の項から次の項を決めるための関係式を **漸化式** という。今後，とくに断らなくても，与えられた漸化式は $n=1, 2, 3, ……$ で成り立つものとする。

2　等差数列と等比数列の漸化式

等差数列と等比数列の漸化式は，それぞれ次の形をしている。

等差数列 $\{a_n\}$ の漸化式は，$a_{n+1}=a_n+d$　　←［d が公差］

等比数列 $\{a_n\}$ の漸化式は，$a_{n+1}=ra_n$　　←［r が公比］

3　階差数列を利用して一般項を求める

漸化式が次の形にできるとき，階差数列を利用して一般項を求められることがある。　　　$a_{n+1}=a_n+(n \text{ の式})$

4　$a_{n+1}=pa_n+q$ の形

$a_1=a$, $a_{n+1}=pa_n+q$ $(p \neq 0, p \neq 1)$ のとき，

$c=pc+q$ を満たす定数 c を考えると

$$
\begin{array}{r}
a_{n+1}=pa_n+q \\
-)\quad c=pc+q \\
\hline
a_{n+1}-c=p(a_n-c)
\end{array}
$$

$a_{n+1}-c=p(a_n-c)$

すなわち，数列 $\{a_n-c\}$ は初項 $a-c$，公比 p の等比数列であり

$a_n-c=(a-c)p^{n-1}$

A 数列の漸化式と項

練習 38　次の条件によって定められる数列 $\{a_n\}$ の第2項から第5項を求めよ。

(1)　$a_1=100$, $a_{n+1}=a_n-5$　　　　(2)　$a_1=2$, $a_{n+1}=3a_n+2$

(3)　$a_1=-1$, $a_{n+1}=a_n+n$

指針　**漸化式と項**　漸化式が与えられているから，a_1 から a_2，a_2 から a_3 と順番に求めていく。

1章
数列

解答 (1) $a_2=a_1-5=100-5=95$
$a_3=a_2-5=95-5=90$
$a_4=a_3-5=90-5=85$
$a_5=a_4-5=85-5=80$ 答

(2) $a_2=3a_1+2=3\cdot2+2=8$
$a_3=3a_2+2=3\cdot8+2=26$
$a_4=3a_3+2=3\cdot26+2=80$
$a_5=3a_4+2=3\cdot80+2=242$ 答

(3) $a_2=a_1+1=-1+1=0$
$a_3=a_2+2=0+2=2$
$a_4=a_3+3=2+3=5$
$a_5=a_4+4=5+4=9$ 答

B 漸化式で定められる数列の一般項

練習 39 （教 p.39）

次の条件によって定められる数列 $\{a_n\}$ の一般項 a_n を求めよ。
(1) $a_1=2$, $a_{n+1}=a_n+3$　　(2) $a_1=1$, $a_{n+1}=2a_n$

指針 **漸化式と一般項**　$a_{n+1}=a_n+d$ の形の漸化式は公差 d の等差数列，$a_{n+1}=ra_n$ の形の漸化式は公比 r の等比数列である。

解答 (1) 数列 $\{a_n\}$ は初項 2，公差 3 の等差数列であるから，一般項は
$a_n=2+(n-1)\cdot3=3n-1$ 答

(2) 数列 $\{a_n\}$ は初項 1，公比 2 の等比数列であるから，一般項は
$a_n=1\cdot2^{n-1}=2^{n-1}$ 答

練習 40 （教 p.39）

次の条件によって定められる数列 $\{a_n\}$ の一般項 a_n を求めよ。
(1) $a_1=1$, $a_{n+1}=a_n+3^n$　　(2) $a_1=0$, $a_{n+1}=a_n+2n+1$

指針 **階差数列の利用**　与えられた漸化式は $a_{n+1}=a_n+(n\,の式)$ の形をしているから，階差数列を利用して一般項を求める。n の式を b_n とおくと，数列 $\{b_n\}$ は数列 $\{a_n\}$ の階差数列であるから，$n\geqq2$ のとき，$a_n=a_1+\sum_{k=1}^{n-1}b_k$ である。求めた a_n は $n\geqq2$ のときであるから，$n=1$ のとき成り立つかどうかも最後に調べる。

解答 (1) 条件から　$a_{n+1}-a_n=3^n$
数列 $\{a_n\}$ の階差数列の一般項が 3^n であるから
$n\geqq2$ のとき　$a_n=a_1+\sum_{k=1}^{n-1}3^k$　　←$\sum_{k=1}^{n-1}3^k$ は初項3，公比3，項数 $n-1$ の等比数列の和である。

$$=1+\frac{3(3^{n-1}-1)}{3-1}$$

$$=1+\frac{3^n}{2}-\frac{3}{2}$$

よって $\qquad a_n=\frac{1}{2}(3^n-1)$

初項は $a_1=1$ であるから，この式は $n=1$ のときにも成り立つ。

したがって，一般項は $\qquad a_n=\frac{1}{2}(3^n-1)$ 答

(2) 条件から $\qquad a_{n+1}-a_n=2n+1$

数列 $\{a_n\}$ の階差数列の一般項が $2n+1$ であるから

$n\geqq 2$ のとき $\qquad a_n=a_1+\sum_{k=1}^{n-1}(2k+1)$

$$=0+2\cdot\frac{1}{2}(n-1)n+(n-1)$$

よって $\qquad a_n=n^2-1$

初項は $a_1=0$ であるから，この式は $n=1$ のときにも成り立つ。

したがって，一般項は $\qquad a_n=n^2-1$ 答

【?】 🔷 p.40

$a_n=3^n-2$ が $n=1$ のときに正しいことを確かめてみよう。また，漸化式から a_2 を求め，$n=2$ のときにも正しいことを確かめてみよう。

解答 $a_n=3^n-2$ において，$n=1$ とおくと $\qquad a_1=3^1-2=1$

よって，$a_n=3^n-2$ は $n=1$ のときも成り立つから，正しい。

また，漸化式 $a_{n+1}=3a_n+4$ において，$n=1$ とおくと $\qquad a_2=3\cdot 1+4=7$

一方，$a_n=3^n-2$ において，$n=2$ とおくと $\qquad a_2=3^2-2=7$

よって，$n=2$ のときにも正しい。 終

練習 41 🔷 p.41

次の条件によって定められる数列 $\{a_n\}$ の一般項 a_n を求めよ。

(1) $a_1=5$, $a_{n+1}=4a_n-6$ $\qquad$ (2) $a_1=-3$, $a_{n+1}=\frac{1}{2}a_n-2$

指針 **漸化式 $a_{n+1}=pa_n+q$ と一般項** $p\neq 0$, $p\neq 1$ のとき，$a_{n+1}=pa_n+q$ の形の漸化式は，等式 $c=pc+q$ を満たす c を用いて，$a_{n+1}-c=p(a_n-c)$ の形に変形できる。

解答 (1) 漸化式を変形すると $\qquad a_{n+1}-2=4(a_n-2)$

$b_n=a_n-2$ とすると $\qquad b_{n+1}=4b_n$

よって，数列 $\{b_n\}$ は公比 4 の等比数列で，初項は

$$b_1 = a_1 - 2 = 5 - 2 = 3$$

数列 $\{b_n\}$ の一般項は $b_n = 3 \cdot 4^{n-1}$

したがって，数列 $\{a_n\}$ の一般項は，$a_n = b_n + 2$ より

$$a_n = 3 \cdot 4^{n-1} + 2 \quad \boxed{答}$$

(2) 漸化式を変形すると

$$a_{n+1} + 4 = \frac{1}{2}(a_n + 4)$$

$b_n = a_n + 4$ とすると

$$b_{n+1} = \frac{1}{2}b_n$$

よって，数列 $\{b_n\}$ は公比 $\dfrac{1}{2}$ の等比数列で，

初項は $b_1 = a_1 + 4 = -3 + 4 = 1$

数列 $\{b_n\}$ の一般項は

$$b_n = 1 \cdot \left(\frac{1}{2}\right)^{n-1} = \left(\frac{1}{2}\right)^{n-1}$$

したがって，数列 $\{a_n\}$ の一般項は，$a_n = b_n - 4$ から

$$a_n = \left(\frac{1}{2}\right)^{n-1} - 4 \quad \boxed{答}$$

右側補足:
$$a_{n+1} = \frac{1}{2}a_n - 2$$
$$-\underline{\quad c = \frac{1}{2}c - 2 \quad}$$
$$a_{n+1} - c = \frac{1}{2}(a_n - c)$$
$c = \frac{1}{2}c - 2$ から $c = -4$

研究 $a_{n+1} = pa_n + q$ を満たす数列の階差数列

練習1 教科書例題 7 の数列 $\{a_n\}$ の一般項 a_n を，階差数列を用いて求めよ。

指針 漸化式 $a_{n+1} = pa_n + q$ 漸化式 $a_{n+1} = pa_n + q$ を満たす数列 $\{a_n\}$ の階差数列は，公比 p の等比数列である。ただし，$p \neq 0$ とする。

解答 数列 $\{a_n\}$ の階差数列を $\{b_n\}$ とする。

$$a_{n+1} = 3a_n + 4 \quad \cdots\cdots ①$$

① から $a_{n+2} = 3a_{n+1} + 4 \quad \cdots\cdots ②$

②−① から $a_{n+2} - a_{n+1} = 3(a_{n+1} - a_n)$

ここで，$a_{n+2} - a_{n+1} = b_{n+1}$，$a_{n+1} - a_n = b_n$ であるから

$$b_{n+1} = 3b_n$$

ゆえに，数列 $\{b_n\}$ は公比 3 の等比数列である。

また，数列 $\{a_n\}$ の第 2 項は $a_2 = 3a_1 + 4 = 3 \cdot 1 + 4 = 7$ であるから，数列 $\{b_n\}$ の初項は $b_1 = a_2 - a_1 = 7 - 1 = 6$

よって，数列 $\{b_n\}$ の一般項 b_n は $b_n = 6 \cdot 3^{n-1}$

ゆえに，$n \geqq 2$ のとき　　$a_n = a_1 + \sum_{k=1}^{n-1} 6 \cdot 3^{k-1} = 1 + 6 \cdot \dfrac{3^{n-1}-1}{3-1} = 3^n - 2$

$a_1 = 1$ であるから，この式は $n=1$ のときにも成り立つ。

よって，数列 $\{a_n\}$ の一般項 a_n は　　$a_n = 3^n - 2$ 答

発展 隣接 3 項間の漸化式

まとめ

隣接 3 項間の漸化式

漸化式 $a_{n+2} = p a_{n+1} + q a_n$ は，2 次方程式 $x^2 = px + q$ の解 α，β を利用して，次のように変形することができる。

$$a_{n+2} - \alpha a_{n+1} = \beta (a_{n+1} - \alpha a_n)$$
$$a_{n+2} - \beta a_{n+1} = \alpha (a_{n+1} - \beta a_n)$$

教 p.43

【?】　数列 $\{a_{n+1} - 2a_n\}$ の一般項が $2 \cdot 3^{n-1}$ であることを，$a_n = 2 \cdot 3^{n-1} - 2^{n-1}$ を用いて確かめてみよう。

解答　$a_n = 2 \cdot 3^{n-1} - 2^{n-1}$ のとき　　$a_{n+1} = 2 \cdot 3^n - 2^n$

よって　$a_{n+1} - 2a_n = 2 \cdot 3^n - 2^n - 2(2 \cdot 3^{n-1} - 2^{n-1})$

$\qquad\qquad\qquad = 2(3 \cdot 3^{n-1} - 2 \cdot 3^{n-1}) - 2^n + 2^n$

$\qquad\qquad\qquad = 2 \cdot 3^{n-1}$ 終

教 p.43

練習 1　次の条件によって定められる数列 $\{a_n\}$ の一般項 a_n を求めよ。

(1)　$a_1 = 0$，$a_2 = 1$，$a_{n+2} = a_{n+1} + 6a_n$

(2)　$a_1 = 1$，$a_2 = 3$，$a_{n+2} = 3a_{n+1} - 2a_n$

指針　**隣接 3 項間の漸化式**

(1)　2 次方程式 $x^2 = x + 6$ すなわち $x^2 - x - 6 = 0$ の解は　　$x = -2, 3$

(2)　2 次方程式 $x^2 = 3x - 2$ すなわち $x^2 - 3x + 2 = 0$ の解は　　$x = 1, 2$

解を α，β として，上のまとめのように，漸化式を変形する。

解答　(1)　漸化式 $a_{n+2} = a_{n+1} + 6a_n$ を変形すると

$$a_{n+2} + 2a_{n+1} = 3(a_{n+1} + 2a_n) \qquad \cdots\cdots ①$$
$$a_{n+2} - 3a_{n+1} = -2(a_{n+1} - 3a_n) \qquad \cdots\cdots ②$$

① より，数列 $\{a_{n+1} + 2a_n\}$ は公比 3，初項 $a_2 + 2a_1 = 1$ の等比数列であるから

$$a_{n+1} + 2a_n = 3^{n-1} \qquad\qquad \cdots\cdots ③$$

② より，数列 $\{a_{n+1}-3a_n\}$ は公比 -2，初項 $a_2-3a_1=1$ の等比数列であるから

$$a_{n+1}-3a_n=(-2)^{n-1} \quad \cdots\cdots ④$$

③－④ から $\quad 5a_n=3^{n-1}-(-2)^{n-1}$

すなわち $\quad a_n=\dfrac{3^{n-1}-(-2)^{n-1}}{5}$ 答

(2) 漸化式 $a_{n+2}=3a_{n+1}-2a_n$ を変形すると

$$a_{n+2}-a_{n+1}=2(a_{n+1}-a_n) \quad \cdots\cdots ①$$
$$a_{n+2}-2a_{n+1}=a_{n+1}-2a_n \cdots\cdots ②$$

① より，数列 $\{a_{n+1}-a_n\}$ は公比 2，初項 $a_2-a_1=2$ の等比数列であるから

$$a_{n+1}-a_n=2\cdot 2^{n-1} \cdots\cdots ③$$

② から $\quad a_{n+1}-2a_n=a_n-2a_{n-1}=\cdots\cdots=a_2-2a_1=1$

すなわち $\quad a_{n+1}-2a_n=1 \quad \cdots\cdots ④$

③－④ から $\quad a_n=2^n-1$ 答

[補足] ② の変形のみから，次のように解答してもよい。

$a_{n+2}-2a_{n+1}=a_{n+1}-2a_n$ から

$$a_{n+1}-2a_n=a_n-2a_{n-1}=\cdots\cdots=a_2-2a_1=1$$

すなわち $\quad a_{n+1}-2a_n=1 \quad$ 変形して $\quad a_{n+1}+1=2(a_n+1)$

$a_1+1=2$ より，数列 $\{a_n+1\}$ は初項 2，公比 2 の等比数列であるから

$$a_n+1=2\cdot 2^{n-1} \quad$ すなわち $\quad a_n=2^n-1$ 答

[別解] (2) 漸化式 $a_{n+2}=3a_{n+1}-2a_n$ を変形すると

$$a_{n+2}-a_{n+1}=2(a_{n+1}-a_n)$$

$b_n=a_{n+1}-a_n$ とすると

$$b_{n+1}=2b_n, \qquad b_1=a_2-a_1=3-1=2$$

よって，数列 $\{b_n\}$ は初項 2，公比 2 の等比数列であるから，一般項は

$$b_n=2\cdot 2^{n-1}=2^n$$

数列 $\{b_n\}$ は数列 $\{a_n\}$ の階差数列であるから

$n\geqq 2$ のとき $\quad a_n=a_1+\displaystyle\sum_{k=1}^{n-1}2^k$

$$=1+\dfrac{2(2^{n-1}-1)}{2-1}$$

よって $\quad a_n=2^n-1$

初項は $a_1=1$ であるから，この式は $n=1$ のときにも成り立つ。

したがって，一般項 a_n は $\quad a_n=2^n-1$ 答

練習 2 次の条件によって定められる数列 $\{a_n\}$ がある。
$$a_1=0,\ a_2=2,\ a_{n+2}=4a_{n+1}-4a_n$$

(1) $a_{n+1}-2a_n=2^n$ であることを示せ。

(2) $b_n=\dfrac{a_n}{2^n}$ とする。$a_{n+1}-2a_n=2^n$ の両辺を 2^{n+1} で割ることによって，数列 $\{b_n\}$ の漸化式を導き，数列 $\{b_n\}$ の一般項 b_n を求めよ。

(3) 数列 $\{a_n\}$ の一般項 a_n を求めよ。

指針 隣接3項間の漸化式

(1) 漸化式を変形すると
$$a_{n+2}-2a_{n+1}=(4a_{n+1}-4a_n)-2a_{n+1}=2(a_{n+1}-2a_n)$$

(2) 設問のように変形して求める。

(3) $a_n=b_n\cdot2^n$ から求める。

解答 (1) 漸化式 $a_{n+2}=4a_{n+1}-4a_n$ を変形すると
$$a_{n+2}-2a_{n+1}=2(a_{n+1}-2a_n)$$
よって，数列 $\{a_{n+1}-2a_n\}$ は公比2，初項 $a_2-2a_1=2$ の等比数列であるから
$$a_{n+1}-2a_n=2\cdot2^{n-1}=2^n \quad 終$$

(2) $a_{n+1}-2a_n=2^n$ の両辺を 2^{n+1} で割ると
$$\frac{a_{n+1}}{2^{n+1}}-\frac{a_n}{2^n}=\frac{1}{2}$$
$b_n=\dfrac{a_n}{2^n}$ とすると $b_{n+1}-b_n=\dfrac{1}{2}$ 答

よって，数列 $\{b_n\}$ は公差 $\dfrac{1}{2}$，初項 $\dfrac{a_1}{2}=0$ の等差数列であるから
$$b_n=0+(n-1)\cdot\frac{1}{2}=\frac{1}{2}(n-1) \quad 答$$

(3) 数列 $\{a_n\}$ の一般項は，$a_n=b_n\cdot2^n$ から
$$a_n=\frac{1}{2}(n-1)\cdot2^n=(n-1)\cdot2^{n-1} \quad 答$$

研究 漸化式の活用

【?】 直線 ℓ を引くことで平面の部分が $(n+1)$ 個増加する。この理由を，$n=3$ のときの図を使って説明してみよう。

解答　4本目の直線は，それまでの3本の直線と3点
　　　で交わり，2個の線分と2個の半直線に分かれ，
　　　それら4つのそれぞれが，それまでに作られた
　　　平面のうち，4つの平面を分割することになる
　　　ため，平面は4つ増える。　終

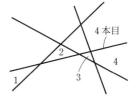

練習 1

教 p.44

教科書44ページの例題1において，n 本の直線によって，交点はい
くつできるか。

指針　**漸化式の応用**　n 本の直線によってできる交点の数を a_n 個として，a_{n+1} と a_n
　　　の関係を調べて漸化式を作る。その際，直線が1本増えると交点が何個増え
　　　るかを考えるとよい。

解答　n 本の直線によってできる交点の個数を a_n とする。

　　　1本の直線で交点はできないから　　　$a_1 = 0$

　　　また，$(n+1)$ 本目の直線は，n 本の直線と交わり，交点が n 個できるから

$$a_{n+1} = a_n + n$$

　　　すなわち　　　$a_{n+1} - a_n = n$

　　　数列 $\{a_n\}$ の階差数列の第 n 項が n であるから，$n \geqq 2$ のとき

$$a_n = a_1 + \sum_{k=1}^{n-1} k = 0 + \frac{1}{2}(n-1)n$$

　　　よって　　　$a_n = \frac{1}{2}n(n-1)$

　　　初項は $a_1 = 0$ であるから，この式は $n = 1$ のときにも成り立つ。

　　　したがって，交点は $\dfrac{1}{2}n(n-1)$ 個 できる。　答

10 数学的帰納法

まとめ

1　数学的帰納法の原理

自然数 n を含む等式(A)について，次の[1]，[2]を示せたとする。

[1]　$n = 1$ のとき(A)が成り立つ。

[2]　$n = k$ のとき(A)が成り立つと仮定すると，
　　　$n = k+1$ のときも(A)が成り立つ。

すると，$n = 1+1$ すなわち $n = 2$ のときも，(A)が成り立つ。

さらに，$n = 2+1$ すなわち $n = 3$ のときも，(A)が成り立つ。

同様に $n=4$, 5, 6, …… のときも(A)が成り立ち, すべての自然数 n について(A)が成り立つと結論してよい。

このような証明法を **数学的帰納法** という。

2 数学的帰納法

一般に, 自然数 n を含む条件(A)があるとき,

「すべての自然数 n について(A)が成り立つ」

を証明するには, 次の[1], [2]を示せばよい。

[1] $n=1$ のとき(A)が成り立つ。

[2] $n=k$ のとき(A)が成り立つと仮定すると,
$n=k+1$ のときも(A)が成り立つ。

A 数学的帰納法の原理, **B** 等式の証明

【?】 教 p.47

[2]で証明している等式は何だろうか。

解答 問題の等式で n を k とおいた等式 $1+2+3+\cdots\cdots+k=\dfrac{1}{2}k(k+1)$ は, 証明のために用いてよい等式であり, [2]で証明している等式は, **上の等式において,** k を $k+1$ におき換えた, **証明すべき等式である。** 答

練習 42 教 p.47

数学的帰納法を用いて, 次の等式を証明せよ。

(1) $1+3+5+\cdots\cdots+(2n-1)=n^2$

(2) $1\cdot2+2\cdot3+3\cdot4+\cdots\cdots+n(n+1)=\dfrac{1}{3}n(n+1)(n+2)$

指針 **数学的帰納法による等式の証明** $n=1$ のとき, 等式が成り立つことを示す。次に, $n=k$ のとき等式が成り立つと仮定し, $n=k+1$ のときも成り立つことを示す。

解答 (1) 等式 $1+3+5+\cdots\cdots+(2n-1)=n^2$ を(A)とする。

[1] $n=1$ のとき
左辺 $=2\cdot1-1=1$
右辺 $=1^2=1$
よって, $n=1$ のとき, (A)が成り立つ。

[2] $n=k$ のとき(A)が成り立つ, すなわち
$1+3+5+\cdots\cdots+(2k-1)=k^2$
であると仮定すると, $n=k+1$ のときの(A)の左辺は
$1+3+5+\cdots\cdots+(2k-1)+\{2(k+1)-1\}$

$$=k^2+(2k+1)=(k+1)^2$$

$n=k+1$ のときの(A)の右辺は $\quad(k+1)^2$

よって，$n=k+1$ のときも(A)が成り立つ。

[1]，[2]から，すべての自然数 n について(A)が成り立つ。 終

(2) 等式 $1\cdot2+2\cdot3+3\cdot4+\cdots\cdots+n(n+1)=\dfrac{1}{3}n(n+1)(n+2)$

を(A)とする。

[1] $n=1$ のとき

左辺$=1\cdot(1+1)=2$

右辺$=\dfrac{1}{3}\cdot1\cdot(1+1)(1+2)=2$

よって，$n=1$ のとき，(A)が成り立つ。

[2] $n=k$ のとき(A)が成り立つ，すなわち

$$1\cdot2+2\cdot3+3\cdot4+\cdots\cdots+k(k+1)=\dfrac{1}{3}k(k+1)(k+2)$$

であると仮定すると，$n=k+1$ のときの(A)の左辺は

$$1\cdot2+2\cdot3+3\cdot4+\cdots\cdots+k(k+1)+(k+1)(k+2)$$

$$=\dfrac{1}{3}k(k+1)(k+2)+(k+1)(k+2)$$

$$=\dfrac{1}{3}(k+1)(k+2)(k+3)$$

$n=k+1$ のときの(A)の右辺は

$$\dfrac{1}{3}(k+1)\{(k+1)+1\}\{(k+1)+2\}=\dfrac{1}{3}(k+1)(k+2)(k+3)$$

よって，$n=k+1$ のときも(A)が成り立つ。

[1]，[2]から，すべての自然数 n について(A)が成り立つ。 終

C 不等式の証明

【?】 教 p.48

[2]で示した2つの不等式 $2\cdot2^k-(3k+3)>2\cdot3k-(3k+3)$，$3(k-1)>0$ について，それぞれが成り立つ理由を説明してみよう。

解答 $2\cdot2^k-(3k+3)-\{2\cdot3k-(3k+3)\}=2(2^k-3k)$

仮定より $2^k>3k$，すなわち $2^k-3k>0$ であるから

$$2\cdot2^k-(3k+3)-\{2\cdot3k-(3k+3)\}>0$$

よって，$2\cdot2^k-(3k+3)>2\cdot3k-(3k+3)$ が成り立ち

$$2\cdot3k-(3k+3)=3(k-1)k\geqq4$$ であるから，$3(k-1)\geqq9>0$ が成り立つ。 終

教 p.48

練習
43

n を3以上の自然数とするとき，次の不等式を証明せよ。
$$2^n > 2n+1$$

指針 **数学的帰納法による不等式の証明** $n \geqq 3$ であるから，[1]では $n=3$ のときに不等式が成り立つことを示す。

[2]では，$k \geqq 3$ として，不等式 $2^k > 2k+1$ が成り立つと仮定すると，不等式 $2^{k+1} > 2(k+1)+1$ が成り立つことを示す。

解答 この不等式を(A)とする。

[1] $n=3$ のとき
　　　左辺 $= 2^3 = 8$
　　　右辺 $= 2 \cdot 3 + 1 = 7$
　　よって，$n=3$ のとき，(A)が成り立つ。

[2] $k \geqq 3$ として，$n=k$ のとき(A)が成り立つ，すなわち
　　$2^k > 2k+1$ が成り立つと仮定する。
　　$n=k+1$ のときの(A)の両辺の差を考えると
$$2^{k+1} - \{2(k+1)+1\} = 2 \cdot 2^k - (2k+3)$$
$$> 2(2k+1) - (2k+3) \qquad \leftarrow 2^k > 2k+1 から$$
$$= 2k-1 > 0 \qquad \leftarrow k \geqq 3 から$$
　　すなわち　　$2^{k+1} > 2(k+1)+1$
　　したがって，$n=k+1$ のときも(A)が成り立つ。

[1]，[2]から，3以上のすべての自然数 n について(A)が成り立つ。　終

D 整数の性質の証明

教 p.49

【?】 [2]で，式を $(k^3+2k)+3(k^2+k+1)$ と変形したのはなぜだろうか。

解答 $(k+1)^3 + 2(k+1) = (k^3+2k)+3(k^2+k+1)$ と変形したのは，**仮定「k^3+2k が3の倍数である」**を使うためである。　答

教 p.49

練習
44

教科書応用例題7について，n を3で割った余りが0，1，2のそれぞれの場合に分類して，数学的帰納法を用いずに証明せよ。

指針 **3の倍数であることの証明** n を3で割った余りが0，1，2の場合に分けて証明する。

解答 [1] n を3で割った余りが0のとき
　　n は自然数 k を用いて $n=3k$ と表される。このとき

$$n^3+2n=(3k)^3+2\cdot3k=3(9k^3+2k)$$

$9k^3+2k$ は整数であるから，n^3+2n は3の倍数である。

[2]　n を3で割った余りが1のとき

n は0以上の整数 k を用いて $n=3k+1$ と表される。このとき
$$n^3+2n=(3k+1)^3+2(3k+1)=(3k+1)\{(3k+1)^2+2\}$$
$$=3(3k+1)(3k^2+2k+1)$$

$(3k+1)(3k^2+2k+1)$ は整数であるから，n^3+2n は3の倍数である。

[3]　n を3で割った余りが2のとき

n は0以上の整数 k を用いて $n=3k+2$ と表される。このとき
$$n^3+2n=(3k+2)^3+2(3k+2)=(3k+2)\{(3k+2)^2+2\}$$
$$=3(3k+2)(3k^2+4k+2)$$

$(3k+2)(3k^2+4k+2)$ は整数であるから，n^3+2n は3の倍数である。

[1]～[3]から，すべての自然数 n について，n^3+2n は3の倍数である。　終

**練習
45**　n は自然数とする。$n^3+(n+1)^3+(n+2)^3$ が9の倍数であることを，数学的帰納法を用いて証明せよ。

指針　**数学的帰納法による証明**　9の倍数は，ある整数 m を用いて $9m$ と表される。$n=k+1$ のときの式を，(仮定の式)+(9の倍数の式) の形に変形する。

解答　「$n^3+(n+1)^3+(n+2)^3$ は9の倍数である」を(A)とする。

[1]　$n=1$ のとき
$$n^3+(n+1)^3+(n+2)^3=1^3+2^3+3^3=36$$
よって，$n=1$ のとき，(A)が成り立つ。

[2]　$n=k$ のとき(A)が成り立つ，すなわち $k^3+(k+1)^3+(k+2)^3$ は9の倍数であると仮定すると，ある整数 m を用いて
$$k^3+(k+1)^3+(k+2)^3=9m$$
と表される。$n=k+1$ のときを考えると
$$(k+1)^3+\{(k+1)+1\}^3+\{(k+1)+2\}^3$$
$$=(k+1)^3+(k+2)^3+(k+3)^3$$
$$=(k+1)^3+(k+2)^3+(k^3+9k^2+27k+27)$$
$$=\{k^3+(k+1)^3+(k+2)^3\}+9(k^2+3k+3)$$
$$=9m+9(k^2+3k+3)=9(m+k^2+3k+3)$$

$m+k^2+3k+3$ は整数であるから，$(k+1)^3+\{(k+1)+1\}^3+\{(k+1)+2\}^3$ は9の倍数である。

よって，$n=k+1$ のときも(A)が成り立つ。

[1]，[2]から，すべての自然数 n について(A)が成り立つ。　終

第1章 第3節　　問　題

14 次の条件によって定められる数列 $\{a_n\}$ の一般項 a_n を求めよ。

(1) $a_1=2$, $a_{n+1}=a_n+2^{n-1}$ (2) $a_1=1$, $a_{n+1}+a_n=3$

(3) $a_1=2$, $2a_{n+1}=a_n+1$

指針 漸化式と一般項

(1) 与えられた漸化式が $a_{n+1}=a_n+(n$ の式$)$ の形をしているとき，その数列の一般項は階差数列を利用して求めることができる。

(2), (3) 与えられた漸化式が $a_{n+1}=pa_n+q$ の形のとき，$c=pc+q$ を満たす定数 c を用いて，$a_{n+1}-c=p(a_n-c)$ と変形できる。このとき，数列 $\{a_n-c\}$ は，初項 (a_1-c)，公比 p の等比数列である。

解答 (1) 条件より　　$a_{n+1}-a_n=2^{n-1}$

数列 $\{a_n\}$ の階差数列の一般項は 2^{n-1} であるから

$n\geqq 2$ のとき

$$a_n=a_1+\sum_{k=1}^{n-1}2^{k-1}=2+\sum_{k=1}^{n-1}2^{k-1}=2+\frac{2^{n-1}-1}{2-1}$$

よって　　$a_n=2^{n-1}+1$

初項は $a_1=2$ であるから，この式は $n=1$ のときにも成り立つ。

よって，一般項は　　$a_n=2^{n-1}+1$　答

(2) 漸化式を変形すると　　$a_{n+1}-\dfrac{3}{2}=-\left(a_n-\dfrac{3}{2}\right)$　　$\leftarrow c+c=3$ から $c=\dfrac{3}{2}$

$b_n=a_n-\dfrac{3}{2}$ とすると　　$b_{n+1}=-b_n$

よって，数列 $\{b_n\}$ は公比 -1 の等比数列で，初項は

$$b_1=a_1-\frac{3}{2}=1-\frac{3}{2}=-\frac{1}{2}$$

数列 $\{b_n\}$ の一般項は　　$b_n=-\dfrac{1}{2}(-1)^{n-1}=\dfrac{1}{2}(-1)^n$

したがって，数列 $\{a_n\}$ の一般項は，$a_n=b_n+\dfrac{3}{2}$ から

$$a_n=\frac{1}{2}(-1)^n+\frac{3}{2}=\frac{1}{2}\{(-1)^n+3\}$$　答

(3) 漸化式から　　$a_{n+1}=\dfrac{1}{2}a_n+\dfrac{1}{2}$

これを変形すると　　$a_{n+1}-1=\dfrac{1}{2}(a_n-1)$　　$\leftarrow c=\dfrac{1}{2}c+\dfrac{1}{2}$ から $c=1$

$b_n=a_n-1$ とすると　　$b_{n+1}=\dfrac{1}{2}b_n$

よって，数列 $\{b_n\}$ は公比 $\dfrac{1}{2}$ の等比数列で，初項は

$$b_1 = a_1 - 1 = 2 - 1 = 1$$

数列 $\{b_n\}$ の一般項は　　$b_n = 1 \cdot \left(\dfrac{1}{2}\right)^{n-1} = \left(\dfrac{1}{2}\right)^{n-1}$

したがって，数列 $\{a_n\}$ の一般項は，$a_n = b_n + 1$ から

$$a_n = \left(\dfrac{1}{2}\right)^{n-1} + 1 \quad \boxed{\text{答}}$$

15 次の条件によって定められる数列 $\{a_n\}$，$\{b_n\}$ の一般項 a_n，b_n を，それぞれ求めよ。

$$a_1 = 0, \ b_1 = 1, \ a_{n+1} = 2a_n + 1, \ b_{n+1} = b_n + a_n$$

指針 **数列 $\{a_n\}$，$\{b_n\}$ の漸化式**　2つの漸化式があるが，1つの漸化式 $a_{n+1} = 2a_n + 1$ から一般項 a_n を求め，もう1つの漸化式 $b_{n+1} = b_n + a_n$ に代入して，一般項 b_n を求める。

解答 $a_{n+1} = 2a_n + 1$ を変形すると　　$a_{n+1} + 1 = 2(a_n + 1)$

よって，数列 $\{a_n + 1\}$ は公比 2，初項 $a_1 + 1 = 1$ の等比数列であるから

$$a_n + 1 = 1 \cdot 2^{n-1}$$

したがって，数列 $\{a_n\}$ の一般項は　　$a_n = 2^{n-1} - 1$　$\boxed{\text{答}}$

これを $b_{n+1} = b_n + a_n$ に代入すると

$$b_{n+1} - b_n = 2^{n-1} - 1$$

数列 $\{b_n\}$ の階差数列の一般項が $2^{n-1} - 1$ であるから

$n \geqq 2$ のとき　　$b_n = b_1 + \displaystyle\sum_{k=1}^{n-1} (2^{k-1} - 1)$

$$= 1 + \sum_{k=1}^{n-1} 2^{k-1} - \sum_{k=1}^{n-1} 1$$

$$= 1 + \frac{2^{n-1} - 1}{2 - 1} - (n-1)$$

よって　　　　　$b_n = 2^{n-1} - n + 1$

初項は $b_1 = 1$ であるから，この式は $n = 1$ のときにも成り立つ。

したがって，数列 $\{b_n\}$ の一般項は　　$b_n = 2^{n-1} - n + 1$　$\boxed{\text{答}}$

16 次の等式，不等式を数学的帰納法を用いて証明せよ。

(1)　$1 \cdot 1! + 2 \cdot 2! + 3 \cdot 3! + \cdots\cdots + n \cdot n! = (n+1)! - 1$

(2)　$2^n > n^2 - n + 2$　　ただし，n は 4 以上の自然数

指針 **数学的帰納法による等式，不等式の証明**

(1) [1] $n=1$ のとき，左辺と右辺が等しいことを示す。

[2] $n=k$ のとき，等式が成り立つことを仮定し，$n=k+1$ のときは，その左辺に $(k+1)\cdot(k+1)!$ を足して，右辺が $\{(k+1)+1\}!-1$ の形になることを示す。

(2) n は 4 以上の自然数であるから，[1]では $n=4$ のとき成り立つことを示す。また，[2]で $n=k+1$ のとき成り立つ不等式は，$2^{k+1}>(k+1)^2-(k+1)+2$ であるから，$n=k$ のとき仮定した不等式を用いて，$2^{k+1}-\{(k+1)^2-(k+1)+2\}>0$ を示す。

解答 (1) この等式を(A)とする。

[1] $n=1$ のとき

$$左辺=1\cdot1!=1, \qquad 右辺=2!-1=1$$

よって，$n=1$ のとき，(A)が成り立つ。

[2] $n=k$ のとき(A)が成り立つ，すなわち

$$1\cdot1!+2\cdot2!+3\cdot3!+\cdots\cdots+k\cdot k!=(k+1)!-1$$

が成り立つと仮定すると，$n=k+1$ のときの(A)の左辺は

$$1\cdot1!+2\cdot2!+3\cdot3!+\cdots\cdots+k\cdot k!+(k+1)\cdot(k+1)!$$
$$=(k+1)!-1+(k+1)\cdot(k+1)!=\{1+(k+1)\}(k+1)!-1$$
$$=(k+2)(k+1)!-1=(k+2)!-1$$
$$=\{(k+1)+1\}!-1$$

よって，$n=k+1$ のときも(A)が成り立つ。

[1]，[2]から，すべての自然数 n について(A)が成り立つ。 終

(2) この不等式を(A)とする。

[1] $n=4$ のとき

$$左辺=2^4=16, \qquad 右辺=4^2-4+2=14$$

よって，$n=4$ のとき，(A)が成り立つ。

[2] $k\geqq4$ として，$n=k$ のとき(A)が成り立つ，すなわち $2^k>k^2-k+2$ が成り立つと仮定する。

$n=k+1$ のときの(A)の両辺の差を考えると

$$2^{k+1}-\{(k+1)^2-(k+1)+2\}=2\cdot2^k-(k^2+k+2)$$
$$>2(k^2-k+2)-(k^2+k+2)$$
$$=k^2-3k+2=(k-1)(k-2)>0$$

すなわち $2^{k+1}>(k+1)^2-(k+1)+2$

よって，$n=k+1$ のときも(A)が成り立つ。

[1]，[2]から，4 以上のすべての自然数 n について(A)が成り立つ。 終

17 次の条件によって定められる数列 $\{a_n\}$ がある。

$$a_1=2, \quad a_{n+1}=2-\frac{1}{a_n}$$

(1) a_2, a_3, a_4 を求めよ。

(2) 第 n 項 a_n を推測して，それを数学的帰納法を用いて証明せよ。

指針 **漸化式と数学的帰納法**

(2) (1)で求めた a_2, a_3, a_4 から a_n を推測する。

解答 (1) $a_2=2-\dfrac{1}{a_1}=2-\dfrac{1}{2}=\dfrac{3}{2}$ 答 $a_3=2-\dfrac{1}{a_2}=2-\dfrac{2}{3}=\dfrac{4}{3}$ 答

$a_4=2-\dfrac{1}{a_3}=2-\dfrac{3}{4}=\dfrac{5}{4}$ 答

(2) (1)の結果から，$a_n=\dfrac{n+1}{n}$ と推測できる。 答

この等式を(A)とする。

[1]　$n=1$ のとき　$a_1=\dfrac{1+1}{1}=2$

よって，$n=1$ のとき，(A)が成り立つ。

[2]　$n=k$ のとき(A)が成り立つ，すなわち $a_k=\dfrac{k+1}{k}$ が成り立つと仮定す

ると，$n=k+1$ のとき

$$a_{k+1}=2-\frac{1}{a_k}=2-\frac{k}{k+1}=\frac{k+2}{k+1}=\frac{(k+1)+1}{k+1}$$

よって，$n=k+1$ のときも(A)が成り立つ。

[1]，[2]から，すべての自然数 n について(A)が成り立つ。 終

18 次の条件によって定められる数列 $\{a_n\}$ がある。

$$a_1=\frac{1}{5}, \quad a_{n+1}=\frac{a_n}{4a_n-1}$$

(1) $b_n=\dfrac{1}{a_n}$ とするとき，数列 $\{b_n\}$ の一般項 b_n を求めよ。

(2) 数列 $\{a_n\}$ の一般項 a_n を求めよ。

(3) 数列 $\{a_n\}$ の初項から第 20 項までの和を求めよ。

指針 **分数の形の漸化式**　(1)　まず，$a_n \neq 0$ であることを確認する。次に，与えら
れた漸化式の両辺の逆数をとり，数列 $\{b_n\}$ の漸化式を導く。

$b_{n+1}=pb_n+q$ は，$p\neq1$ ならば $b_{n+1}+\dfrac{q}{p-1}=p\left(b_n+\dfrac{q}{p-1}\right)$ と変形できる。

解答 (1) $a_k=0$ となるような自然数 $k(k\geqq2)$ があると仮定すると，漸化式から

$$a_{k-1}=0$$

これを繰り返すと $\quad a_k=a_{k-1}=\cdots\cdots=a_2=a_1=0$

これは $a_1=\dfrac{1}{5}$ であることに反するから，すべての自然数 n について $\quad a_n\neq0$

$a_{n+1}=\dfrac{a_n}{4a_{n-1}}$ の両辺の逆数をとると $\quad \dfrac{1}{a_{n+1}}=4-\dfrac{1}{a_n}$

$b_n=\dfrac{1}{a_n}$ とすると $\quad b_{n+1}=4-b_n$

変形して $\quad b_{n+1}-2=-(b_n-2)$ $\qquad\qquad\qquad$ ← $c=4-c$ から $c=2$

また $\quad b_1-2=\dfrac{1}{a_1}-2=5-2=3$

よって，数列 $\{b_n-2\}$ は，初項 3，公比 -1 の等比数列であるから

$$b_n-2=3\cdot(-1)^{n-1} \quad\text{すなわち}\quad b_n=3\cdot(-1)^{n-1}+2 \quad\boxed{答}$$

補足 n が奇数のとき $(-1)^{n-1}=1$，n が偶数のとき $(-1)^{n-1}=-1$ であるから

$$b_n=\begin{cases}5 & (\boldsymbol{n}：奇数)\\ -1 & (\boldsymbol{n}：偶数)\end{cases} \quad\boxed{答}\quad\text{としてもよい。}$$

(2) $a_n=\dfrac{1}{b_n}$ であるから，(1)より $\quad a_n=\dfrac{1}{3\cdot(-1)^{n-1}+2} \quad\boxed{答}$

補足 $a_n=\begin{cases}\dfrac{1}{5} & (\boldsymbol{n}：奇数)\\ -1 & (\boldsymbol{n}：偶数)\end{cases} \quad\boxed{答}\quad\text{としてもよい。}$

(3) (2)から，n が奇数のとき $a_n=\dfrac{1}{5}$，n が偶数のとき $a_n=-1$ であるから

$$a_1+a_2=a_3+a_4=\cdots\cdots=a_{19}+a_{20}=\dfrac{1}{5}+(-1)=-\dfrac{4}{5}$$

よって $\quad a_1+a_2+a_3+\cdots\cdots+a_{20}=(a_1+a_2)+(a_3+a_4)+\cdots\cdots+(a_{19}+a_{20})$

$$=10\cdot\left(-\dfrac{4}{5}\right)=-8 \quad\boxed{答}$$

第1章　章末問題 A

教 p.51

1. 初項が60，末項が-30である等差数列の和が240であるとき，この数列の公差と項数を求めよ。

指針　**等差数列の和と一般項**　初項 a，末項 l，項数 n の等差数列の和 S_n は

$$S_n = \frac{1}{2}n(a+l)$$

この公式にあてはめて，公差 d と項数 n を求める。

解答　公差を d，項数を n，初項から第 n 項までの和を S_n とする。

$$S_n = \frac{1}{2}n(60-30) = 15n$$

$S_n = 240$ であるから　　$15n = 240$

これを解くと　　$n = 16$

第16項が末項であるから　　$60 + (16-1)d = -30$　　　　$\leftarrow a_n = a_1 + (n-1)d$

これを解くと　　$d = -6$

よって　　**公差-6，項数 16**　答

教 p.51

2. 初項が正の数である等比数列 $\{a_n\}$ の，第2項と第4項の和が20で，第4項と第6項の和が80であるとき，次のものを求めよ。

 (1)　初項と公比　　　　　　　(2)　初項から第10項までの和

指針　**等比数列の一般項と和**

 (1)　初項 a，公比 r の等比数列 $\{a_n\}$ の一般項は　　$a_n = ar^{n-1}$

  この式に値を代入して a と r の連立方程式を立てる。

 (2)　初項 a，公比 r の等比数列の初項から第 n 項までの和 S_n は

$$r \neq 1 \text{ のとき }\quad S_n = \frac{a(1-r^n)}{1-r} \quad \text{または} \quad S_n = \frac{a(r^n-1)}{r-1}$$

$r = 1$ のとき　$S_n = na$

解答　(1)　初項を a，公比を r とすると　　$a_n = ar^{n-1}$

  第2項と第4項の和が20であるから

$$ar + ar^3 = 20 \quad \cdots\cdots ①$$

  第4項と第6項の和が80であるから

$$ar^3 + ar^5 = 80 \quad \cdots\cdots ②$$

  ② の左辺を変形すると　　$(ar + ar^3)r^2 = 80$

  ① を代入して　　$20r^2 = 80$

ゆえに $r^2=4$ よって $r=\pm 2$ ……③

ここで $ar+ar^3=ar(1+r^2)=ar(1+4)=5ar$

であるから，① より $ar=4$ ……④

$a>0$ であるから，④ より $r>0$ ゆえに ③ から $r=2$

このとき，④ から $a=2$

したがって   **初項 2，公比 2** 答

(2) (1)より，初項 2，公比 2 であるから，初項から第 10 項までの和は

$$\frac{2(2^{10}-1)}{2-1}=2(2^{10}-1)=2046 \quad \text{答}$$

教 p.51

3. 1 から 100 までの自然数について，次の和を求めよ。

(1) 3 の倍数の和   (2) 4 で割ると 3 余る数の和

指針 **倍数に関する和**

(1) 3 の倍数の和は 3 でくくって，自然数の和と 3 の積の形にして，自然数の和の公式を使う。

$$1+2+3+\cdots\cdots+n=\frac{1}{2}n(n+1)$$

(2) (4 で割ると 3 余る数)＝(4 の倍数)＋3

解答 (1) $100 \div 3 = 33$ 余り 1 であるから，求める和は

$3\cdot1+3\cdot2+3\cdot3+\cdots\cdots+3\cdot33$

$=3(1+2+3+\cdots\cdots+33)$

$=3\times\dfrac{1}{2}\cdot33(33+1)=1683$ 答

(2) $100 \div 4 = 25$ であるから，求める和は

$(4\cdot0+3)+(4\cdot1+3)+(4\cdot2+3)+(4\cdot3+3)+\cdots\cdots+(4\cdot24+3)$

$=4(1+2+3+\cdots\cdots+24)+3\cdot25$

$=4\times\dfrac{1}{2}\cdot24(24+1)+3\cdot25$

$=1200+75=1275$ 答

別解 (1) 1 から 100 までの自然数のうち，3 の倍数を小さい方から並べると

$3\cdot1,\ 3\cdot2,\ 3\cdot3,\ \cdots\cdots,\ 3\cdot33$

これは，初項が 3，末項が 99，項数が 33 の等差数列であるから，その和は

$$\frac{1}{2}\cdot33(3+99)=1683 \quad \text{答}$$

(2) 1 から 100 までの自然数のうち，4 で割って 3 余る数を小さい方から並べると

$4\cdot0+3,\ 4\cdot1+3,\ 4\cdot2+3,\ \cdots\cdots,\ 4\cdot24+3$

これは，初項が 3，末項が $4 \cdot 24 + 3 = 99$，項数が 25 の等差数列であるから，その和は $\dfrac{1}{2} \cdot 25(3 + 99) = 1275$ 答

教 p.51

4. 次の数列の第 k 項を k の式で表せ。また，この数列の和を求めよ。

$$1, \ 1+3, \ 1+3+5, \ \cdots\cdots, \ 1+3+5+\cdots\cdots+(2n-1)$$

指針 **和の形の数列の一般項と和** 第 k 項 a_k は $1+3+5+\cdots\cdots+(2k-1)$ と和の形で与えられているから，この和を計算して a_k の一般項を求める。また，この数列の和は $\sum\limits_{k=1}^{n} a_k$ である。

解答 第 k 項 a_k は
$$a_k = 1+3+5+\cdots\cdots+(2k-1)$$
$$= \sum_{i=1}^{k}(2i-1) = 2\sum_{i=1}^{k} i - \sum_{i=1}^{k} 1$$
$$= 2 \cdot \frac{1}{2}k(k+1) - k = k^2 \quad 答$$

また，求める和は $\displaystyle\sum_{k=1}^{n} a_k = \sum_{k=1}^{n} k^2 = \frac{1}{6}n(n+1)(2n+1)$ 答

教 p.51

5. ある工場では，毎朝 300 L の薬品をタンクに補給し，その日に使う薬品は，補給後にタンクにある薬品の量の 30% である。
ある日の朝，補給前にタンクに残っていた薬品の量は 400 L であった。この日を 1 日目とし，n 日目の朝，補給前にタンクに残っている薬品の量を a_n L とするとき，次の問いに答えよ。
(1) a_{n+1} を a_n を用いて表せ。　　(2) a_n を n を用いて表せ。

指針 **漸化式利用の文章題** $(n+1)$ 日目の朝，補給前のタンクに残っている薬品の量 a_{n+1} を a_n で表して漸化式を立て，それを変形して，一般項 a_n を求める。

解答 (1) n 日目の朝，補給前にタンクには a_n L の薬品が残っており，そこに 300 L の薬品を補給し，補給後の薬品の 30% をその日に使う。
よって，$(n+1)$ 日目の朝，補給前のタンクに残っている薬品の量は
$$a_{n+1} = (a_n + 300) \times \frac{100-30}{100} \quad \text{すなわち} \quad a_{n+1} = \frac{7}{10}a_n + 210 \quad 答$$
(2) 1 日目の補給前にタンクに残っていた薬品の量は 400 L であったから
$$a_1 = 400$$
(1)の漸化式を変形すると

$$a_{n+1}-700=\frac{7}{10}(a_n-700) \qquad \leftarrow c=\frac{7}{10}c+210 \text{ から } c=700$$

$b_n=a_n-700$ とすると $\qquad b_{n+1}=\frac{7}{10}b_n$

ゆえに，数列 $\{b_n\}$ は公比 $\frac{7}{10}$ の等比数列であり，初項は

$$b_1=a_1-700=400-700=-300$$

よって，数列 $\{b_n\}$ の一般項 b_n は $\qquad b_n=-300\left(\frac{7}{10}\right)^{n-1}$

したがって，数列 $\{a_n\}$ の一般項 a_n は，$a_n=b_n+700$ から

$$a_n=-300\left(\frac{7}{10}\right)^{n-1}+700 \quad \boxed{答}$$

教 p.51

6. 次の条件によって定められる数列 $\{a_n\}$ がある。

$$a_1=1, \quad na_{n+1}=2(n+1)a_n$$

(1) $b_n=\dfrac{a_n}{n}$ とするとき，数列 $\{b_n\}$ の一般項 b_n を求めよ。

(2) 数列 $\{a_n\}$ の一般項 a_n を求めよ。

指針 **漸化式とおき換え** 与えられた漸化式の両辺を $n(n+1)$ で割ると，数列 $\left\{\dfrac{a_n}{n}\right\}$ の漸化式が得られる。数列 $\left\{\dfrac{a_n}{n}\right\}$ は公比 2 の等比数列であるから，この数列の一般項 $\dfrac{a_n}{n}$ が求まり，これから a_n が求まる。

解答 (1) 漸化式の両辺を $n(n+1)$ で割ると $\qquad \dfrac{a_{n+1}}{n+1}=2\cdot\dfrac{a_n}{n}$

$b_n=\dfrac{a_n}{n}$ とするとき，$b_{n+1}=\dfrac{a_{n+1}}{n+1}$ であるから $\qquad b_{n+1}=2b_n$

ゆえに，数列 $\{b_n\}$ は公比 2 の等比数列であり，初項は $\qquad b_1=a_1=1$

よって，数列 $\{b_n\}$ の一般項は $\qquad b_n=1\cdot2^{n-1}=2^{n-1} \quad \boxed{答}$

(2) $b_n=\dfrac{a_n}{n}$ から $\qquad a_n=nb_n$

よって，(1) から数列 $\{a_n\}$ の一般項は $\qquad a_n=n\cdot2^{n-1} \quad \boxed{答}$

7. n は自然数とする。7^n-1 が 6 の倍数であることを，数学的帰納法を用いて証明せよ。

指針 **数学的帰納法による整数の性質の証明** $n=k$ のとき 7^n-1 が 6 の倍数であると仮定すると，$7^k-1=6m$ (m は整数) とおける。

$n=k+1$ のとき 7^n-1 が $6\times$(整数)と表されることを示す。

解答 「7^n-1 は 6 の倍数である」を(A)とする。

[1] $n=1$ のとき

$$7^1-1=6$$

よって，$n=1$ のとき，(A)が成り立つ。

[2] $n=k$ のとき(A)が成り立つと仮定する。

すなわち，ある整数 m を用いて

$$7^k-1=6m$$

と表されると仮定する。

$n=k+1$ のときを考えると

$$7^{k+1}-1=7\cdot7^k-1=7(6m+1)-1$$
$$=42m+7-1=6(7m+1)$$

ここで，$7m+1$ は整数である。

よって，$7^{k+1}-1$ は 6 の倍数であるから，$n=k+1$ のときも(A)は成り立つ。

[1]，[2]から，すべての自然数 n について(A)が成り立つ。 終

第1章　章末問題B

教 p.52

8. 自然数 k に対して，分母が k，分子が k 以下の自然数である分数を考える。このような分数を，分母の小さい順に，分母が同じ場合には分子の小さい順に並べてできる次のような数列を考える。

$$\frac{1}{1}, \ \frac{1}{2}, \ \frac{2}{2}, \ \frac{1}{3}, \ \frac{2}{3}, \ \frac{3}{3}, \ \frac{1}{4}, \ \frac{2}{4}, \ \frac{3}{4}, \ \frac{4}{4}, \ \frac{1}{5}, \ \cdots\cdots$$

(1) $\dfrac{3}{10}$ は第何項か。　　　　(2) 第 100 項を求めよ。

指針 **群に分けた数列（群数列）** 　分母が同じ項を 1 つの群となるように分ける。

(1) $\dfrac{3}{10}$ は第 10 群の 3 番目である。まず，第 9 群までの項数を求める。

(2) まず，（第 n 群までの項数）<100 を満たす自然数 n を求める。

解答 (1) 分数の列を，次のような群に分ける。ただし，第 n 群には n 個の分数が入り，その分母は n，分子は 1 から n までの自然数であるとする。

$$\frac{1}{1} \ \left| \ \frac{1}{2}, \ \frac{2}{2} \ \right| \ \frac{1}{3}, \ \frac{2}{3}, \ \frac{3}{3} \ \left| \ \frac{1}{4}, \ \frac{2}{4}, \ \frac{3}{4}, \ \frac{4}{4} \ \right| \ \frac{1}{5}, \ \cdots\cdots$$

第 1 群　　第 2 群　　　第 3 群　　　　第 4 群

第 n 群には n 個の数が含まれるから，第 9 群までの項数は

$$1+2+3+\cdots\cdots+9=\frac{1}{2}\cdot 9(9+1)=45$$

$\dfrac{3}{10}$ は第 10 群の 3 番目の数であるから　　**第 48 項**　答

(2) 第 n 群までの項数は　$\dfrac{1}{2}n(n+1)$

$\dfrac{1}{2}\cdot 13\cdot 14=91$, $\dfrac{1}{2}\cdot 14\cdot 15=105$ であるから，第 100 項は第 14 群の

$100-91=9$（番目）である。すなわち　　$\dfrac{9}{14}$　答

教 p.52

9. 項数 n の数列 $1\cdot n,\ 2(n-1),\ 3(n-2),\ \cdots\cdots,\ n\cdot 1$ がある。

(1) この数列の第 k 項を n と k を用いた式で表せ。

(2) この数列の和を求めよ。

指針 **複雑な数列の和**

(1) 各項の左側の数だけに着目すると　　$1,\ 2,\ 3,\ \cdots\cdots,\ n$

同様に，右側の数だけに着目すると　　$n,\ n-1,\ n-2,\ \cdots\cdots,\ 1$
それぞれの第 k 項の積が，求める第 k 項である。

(2)　一般項には2つの文字 n と k が含まれるが，n は k に無関係な定数であ
ることに注意して計算する。

解答 (1)　各項を2つの数列に分けて考えると

　　　　$1,\ 2,\ 3,\ \cdots\cdots,\ n$ 　　　　　$\cdots\cdots$ ①

　　　　$n,\ n-1,\ n-2,\ \cdots\cdots,\ 1$ 　$\cdots\cdots$ ②

　　①の第 k 項は k，②の第 k 項は　　$n-(k-1)$

　　よって，この数列の第 k 項は　　$k(n-k+1)$ 　答

(2)　この数列の和は，(1)から

$$\sum_{k=1}^{n} k(n-k+1)=\sum_{k=1}^{n} k\{-k+(n+1)\}=-\sum_{k=1}^{n} k^2+(n+1)\sum_{k=1}^{n} k$$

$$=-\frac{1}{6}n(n+1)(2n+1)+(n+1)\cdot\frac{1}{2}n(n+1)$$

$$=\frac{1}{6}n(n+1)\{-(2n+1)+3(n+1)\}$$

$$=\frac{1}{6}n(n+1)(n+2)\ \ 答$$

教 p.52

10. 数列 $\{a_n\}$ の初項から第 n 項までの和 S_n が，$S_n=2a_n-1$ を満たすとす
る。

(1)　$a_{n+1}=2a_n$ であることを示せ。　　(2)　第 n 項 a_n を求めよ。

指針 **数列の和と一般項**

(1)　数列 $\{a_n\}$ の初項 a_1 から第 n 項 a_n までの和を S_n とすると
　　　　初項 a_1 は　$a_1=S_1$，$n\geqq 2$ のとき　$a_n=S_n-S_{n-1}$

(2)　(1)より数列 $\{a_n\}$ は等比数列であることがわかる。

解答 (1)　$n=1$ のとき　$a_1=S_1=2a_1-1$　　　よって　$a_1=1$　$\cdots\cdots$ ①

　　$n\geqq 2$ のとき，$a_n=S_n-S_{n-1}$ であるから

　　　　　$a_{n+1}=S_{n+1}-S_n=(2a_{n+1}-1)-(2a_n-1)$

　　　　　　　　$=2a_{n+1}-2a_n$

　　ゆえに　　$a_{n+1}=2a_n$

　　$n=2$ のとき，$S_2=2a_2-1$ であるから，①より　　$1+a_2=2a_2-1$

　　よって　　$a_2=2$

　　①から，$a_{n+1}=2a_n$ は $n=1$ のときにも成り立つ。

　　したがって　　$a_{n+1}=2a_n$ 　終

(2)　(1)の結果から，数列 $\{a_n\}$ は公比2の等比数列で，初項は①より

　　　　$a_1=1$ 　　よって　　$a_n=1\cdot 2^{n-1}=2^{n-1}$ 　答

11. 次の条件によって定められる数列 $\{a_n\}$ の一般項 a_n を求めよ。

(1) $a_1 = \dfrac{1}{2}$, $\dfrac{1}{a_{n+1}} - \dfrac{1}{a_n} = 2(n+1)$

(2) $a_1 = 1$, $a_{n+1} - 3a_n = 2^{n+1}$

指針 **漸化式と一般項**

(1) $b_n = \dfrac{1}{a_n}$ として，まず数列 $\{b_n\}$ の一般項を求める。

このとき，$b_1 = 2$, $b_{n+1} - b_n = 2(n+1)$ であり，$\{b_n\}$ の階差数列 $\{c_n\}$ を考える。

(2) 漸化式の両辺を 2^{n+1} で割り，$b_n = \dfrac{a_n}{2^n}$ とすると　　$b_{n+1} - \dfrac{3}{2}b_n = 1$

これを，$b_{n+1} - c = \dfrac{3}{2}(b_n - c)$ の形に変形する。

まず，数列 $\{b_n - c\}$ の一般項を求める。

解答 (1) $b_n = \dfrac{1}{a_n}$ とすると　　$b_1 = 2$, $b_{n+1} - b_n = 2(n+1)$

$\{b_n\}$ の階差数列を $\{c_n\}$ とすると　　$c_n = 2(n+1)$

$n \geqq 2$ とすると

$$b_n = b_1 + \sum_{k=1}^{n-1} c_k = 2 + \sum_{k=1}^{n-1} 2(k+1)$$

$$= 2 + 2 \cdot \dfrac{1}{2}(n-1)n + 2(n-1) = n^2 + n$$

よって　　$b_n = n(n+1)$

初項は $b_1 = 2$ であるから，この式は $n=1$ のときにも成り立つ。

よって　　$b_n = n(n+1)$

$a_n = \dfrac{1}{b_n}$ であるから　　$a_n = \dfrac{1}{n(n+1)}$　圏　　　　　　$\leftarrow b_n = \dfrac{1}{a_n}$

(2) 漸化式の両辺を 2^{n+1} で割ると

$$\dfrac{a_{n+1}}{2^{n+1}} - \dfrac{3a_n}{2^{n+1}} = 1 \qquad \text{すなわち} \qquad \dfrac{a_{n+1}}{2^{n+1}} - \dfrac{3}{2} \cdot \dfrac{a_n}{2^n} = 1$$

$b_n = \dfrac{a_n}{2^n}$ とすると　　$b_{n+1} - \dfrac{3}{2}b_n = 1$　　また　　$b_1 = \dfrac{a_1}{2^1} = \dfrac{1}{2}$

これを変形すると　　$b_{n+1} + 2 = \dfrac{3}{2}(b_n + 2)$　　　　$\leftarrow c - \dfrac{3}{2}c = 1$ から $c = -2$

ゆえに，数列 $\{b_n + 2\}$ は公比 $\dfrac{3}{2}$，初項 $b_1 + 2 = \dfrac{5}{2}$ の等比数列であるから

$$b_n + 2 = \dfrac{5}{2}\left(\dfrac{3}{2}\right)^{n-1} \qquad \text{よって} \qquad b_n = \dfrac{5}{2}\left(\dfrac{3}{2}\right)^{n-1} - 2$$

したがって，数列 $\{a_n\}$ の一般項は，$a_n = b_n \cdot 2^n$ から

$$a_n = \left\{\frac{5}{2}\left(\frac{3}{2}\right)^{n-1} - 2\right\} \cdot 2^n = 5 \cdot 3^{n-1} - 2^{n+1} \quad \boxed{答}$$

12. $a>0$ で n を自然数とする。数学的帰納法を用いて，不等式
$(1+a)^n \geqq 1+na$ を証明せよ。

指針 **数学的帰納法による不等式の証明**

$n=k+1$ のとき $(1+a)^{k+1} \geqq 1+(k+1)a$ が成り立つことを示す。

解答 不等式 $(1+a)^n \geqq 1+na$ を(A)とする。

[1]　$n=1$ のとき

左辺 $=1+a$,　　右辺 $=1+a$

よって，$n=1$ のとき，(A)が成り立つ。

[2]　$n=k$ のとき(A)が成り立つ，すなわち
$(1+a)^k \geqq 1+ka$ が成り立つと仮定する。

$n=k+1$ のときの(A)の両辺の差を考えると

$(1+a)^{k+1} - \{1+(k+1)a\} \geqq (1+a)(1+ka) - \{1+(k+1)a\}$
$= 1+ka+a+ka^2-1-ka-a = ka^2 > 0$

すなわち　　$(1+a)^{k+1} > 1+(k+1)a$

したがって，(A)は $n=k+1$ のときにも成り立つ。

[1]，[2]から，すべての自然数 n について(A)が成り立つ。　 $\boxed{終}$

発展 **13.** 次の条件によって定められる数列 $\{a_n\}$，$\{b_n\}$ がある。

$$a_1=0, \quad b_1=1, \quad a_{n+1}=a_n+2b_n, \quad b_{n+1}=2a_n+b_n$$

(1)　数列 $\{a_n+b_n\}$，$\{a_n-b_n\}$ の一般項を，それぞれ求めよ。

(2)　数列 $\{a_n\}$，$\{b_n\}$ の一般項 a_n，b_n を，それぞれ求めよ。

指針 **数列 $\{a_n\}$，$\{b_n\}$ の漸化式**

(1)　設問のように，数列 $\{a_n+b_n\}$ を考えると，2つの漸化式から

$a_{n+1}+b_{n+1}=3(a_n+b_n)$

よって，数列 $\{a_n+b_n\}$ は公比3の等比数列であることがわかる。

数列 $\{a_n-b_n\}$ も同様に考える。

(2)　(1)の結果より，a_n，b_n の連立方程式を解いて，a_n，b_n を求める。

解答 (1)　$a_{n+1}=a_n+2b_n$ ……①，$b_{n+1}=2a_n+b_n$ ……② とする。

①+② から　　$a_{n+1}+b_{n+1}=3(a_n+b_n)$

よって，数列 $\{a_n+b_n\}$ は公比3，初項 $a_1+b_1=1$ の等比数列であるから，一般項 a_n+b_n は　　$a_n+b_n=3^{n-1}$ $\boxed{答}$

また，①－② から $a_{n+1}-b_{n+1}=-(a_n-b_n)$

よって，数列 $\{a_n-b_n\}$ は公比 -1，初項 $a_1-b_1=-1$ の等比数列であるから，

一般項 a_n-b_n は $a_n-b_n=-1\cdot(-1)^{n-1}=(-1)^n$ 答

(2) (1) から $a_n+b_n=3^{n-1}$ ……③，$a_n-b_n=(-1)^n$ ……④

③＋④ から $2a_n=3^{n-1}+(-1)^n$

よって $a_n=\dfrac{3^{n-1}+(-1)^n}{2}$ 答

③－④ から $2b_n=3^{n-1}-(-1)^n$

よって $b_n=\dfrac{3^{n-1}-(-1)^n}{2}$ 答

参考 設問(2)だけなら，次のように解いてもよい。

$a_{n+1}=a_n+2b_n$ ……①，$b_{n+1}=b_n+2a_n$ ……②とおく。

① から $b_n=\dfrac{a_{n+1}-a_n}{2}$ ゆえに $b_{n+1}=\dfrac{a_{n+2}-a_{n+1}}{2}$

これらを②に代入して，整理すると $a_{n+2}=2a_{n+1}+3a_n$

これは，次のように2通りに変形できる

$a_{n+2}-3a_{n+1}=-(a_{n+1}-3a_n)$ ……③，$a_{n+2}+a_{n+1}=3(a_{n+1}+a_n)$ ……④

$a_2=a_1+2b_1=2$ であるから

③ より，数列 $\{a_{n+1}-3a_n\}$ は，初項が $a_2-3a_1=2$，公比が -1 の等比数列

④ より，数列 $\{a_{n+1}+a_n\}$ は，初項が $a_2+a_1=2$，公比が 3 の等比数列

である。

すなわち $a_{n+1}-3a_n=2(-1)^{n-1}$，$a_{n+1}+a_n=2\cdot3^{n-1}$

この2式から a_{n+1} を消去して

$a_n=\dfrac{2\cdot3^{n-1}-2(-1)^{n-1}}{4}=\dfrac{3^{n-1}+(-1)^n}{2}$ 答

このとき $b_n=\dfrac{a_{n+1}-a_n}{2}=\dfrac{3^n+(-1)^{n+1}-\{3^{n-1}+(-1)^n\}}{4}$

$=\dfrac{2\cdot3^{n-1}-2(-1)^n}{4}=\dfrac{3^{n-1}-(-1)^n}{2}$ 答

補足 $a_{n+2}=pa_{n+1}+qa_n$ に対して，2次方程式 $x^2=px+q$，すなわち $x^2-px-q=0$ の2つの解を $x=\alpha$, β とすると，$a_{n+2}=pa_{n+1}+qa_n$ は

$a_{n+2}-\alpha a_{n+1}=\beta(a_{n+1}-\alpha a_n)$，$a_{n+2}-\beta a_{n+1}=\alpha(a_{n+1}-\beta a_n)$

の2通りに変形できる。上の問題では，$\alpha=3$, $\beta=-1$, または $\alpha=-1$, $\beta=3$ である。

第2章 | 統計的な推測

第1節 確率分布

1 確率変数と確率分布

まとめ

1 確率変数

試行の結果によってその値が定まり，各値に対して，その値をとる確率が定まるような変数を **確率変数** という。

2 確率分布

確率変数 X のとりうる値が x_1, x_2, ……, x_n であり，それぞれの値をとる確率が p_1, p_2, ……, p_n であるとき，次が成り立つ。

$$p_1 \geqq 0, \quad p_2 \geqq 0, \quad \cdots\cdots, \quad p_n \geqq 0 \qquad p_1 + p_2 + \cdots\cdots + p_n = 1$$

確率変数 X のとりうる値とその値をとる確率との対応関係は，表のように書き表される。この対応関係を，X の **確率分布** または **分布** といい，確率変数 X はこの分布に **従う** という。

X	x_1	x_2	……	x_n	計
P	p_1	p_2	……	p_n	1

3 確率の表し方

確率変数 X が値 a をとる確率を $P(X=a)$ で表す。

また，X が a 以上 b 以下の値をとる確率を $P(a \leqq X \leqq b)$ で表す。

A 確率変数と確率分布

練習 1

教 p.57

2個のさいころを同時に投げて，出る目の差の絶対値を Y とするとき，Y の確率分布を求めよ。また，確率 $P(1 \leqq Y \leqq 3)$ を求めよ。

指針 **確率分布の求め方** 出る目の差の絶対値は $0 \sim 5$ で，それぞれの値をとる確率を求め，対応関係を表にする。求めた確率の和は 1 になる。

解答 Y のとりうる値は

$$0, \quad 1, \quad 2, \quad 3, \quad 4, \quad 5$$

であり，次の表のようになる。

	1	2	3	4	5	6
1	0	1	2	3	4	5
2	1	0	1	2	3	4
3	2	1	0	1	2	3
4	3	2	1	0	1	2
5	4	3	2	1	0	1
6	5	4	3	2	1	0

Y の確率分布は次の表のようになる。

Y	0	1	2	3	4	5	計
P	$\frac{6}{36}$	$\frac{10}{36}$	$\frac{8}{36}$	$\frac{6}{36}$	$\frac{4}{36}$	$\frac{2}{36}$	1

よって　$P(1\leqq Y\leqq 3)=\dfrac{10}{36}+\dfrac{8}{36}+\dfrac{6}{36}=\dfrac{2}{3}$　答

教 p.57

練習 2 白玉 2 個，黒玉 3 個の入った袋から，3 個の玉を同時に取り出すとき，出る白玉の個数を X とする。X の確率分布を求めよ。また，確率 $P(X\geqq 1)$ を求めよ。

指針 **玉と確率分布**　袋の中には白玉が 2 個，黒玉が 3 個しかないから，玉を 3 個取り出したときに出る白玉の個数 X のとりうる値は 0，1，2 である。それぞれの値をとる確率の計算は，組合せの総数 $_nC_r$ を用いて計算する。

解答 X のとりうる値は，0，1，2 であるから

$$P(X=0)=\frac{_3C_3}{_5C_3}=\frac{1}{10}, \qquad P(X=1)=\frac{_2C_1\times _3C_2}{_5C_3}=\frac{6}{10}$$

$$P(X=2)=\frac{_2C_2\times _3C_1}{_5C_3}=\frac{3}{10}$$

よって，X の確率分布は右の表のようになる。　答

また　$P(X\geqq 1)=\dfrac{6}{10}+\dfrac{3}{10}=\dfrac{9}{10}$　答

X	0	1	2	計
P	$\frac{1}{10}$	$\frac{6}{10}$	$\frac{3}{10}$	1

2 確率変数の期待値と分散

まとめ

1 期待値（平均）
確率変数 X の確率分布が右の表で与えられているとき

X	x_1	x_2	……	x_n	計
P	p_1	p_2	……	p_n	1

$$x_1 p_1 + x_2 p_2 + \cdots\cdots + x_n p_n = \sum_{k=1}^{n} x_k p_k$$

を，X の **期待値** または **平均** といい，$E(X)$ または m で表す。

注意 $E(X)$ の E は，期待値を意味する英語 expected value や expectation の頭文字である。また，m は平均を意味する英語 mean の頭文字である。

2 $aX+b$ の期待値

X を確率変数，a，b を定数とするとき

$$E(aX+b) = aE(X) + b$$

3 分散

確率変数 X の確率分布が右の表で与えられ，その期待値が m であるとする。このとき，X の各値と m とのへだたりの程度を表す量として

X	x_1	x_2	$\cdots\cdots$	x_n	計
P	p_1	p_2	$\cdots\cdots$	p_n	1

$(x_1-m)^2$，$(x_2-m)^2$，$\cdots\cdots$，$(x_n-m)^2$ が考えられ，$(X-m)^2$ はこれらの値をとる確率変数である。確率変数 $(X-m)^2$ の期待値 $E((X-m)^2)$ を，確率変数 X の **分散** といい，$V(X)$ で表す。すなわち

$$V(X) = E((X-m)^2) = \sum_{k=1}^{n} (x_k-m)^2 p_k$$

4 標準偏差

確率変数 X について，X の分散 $V(X)$ の正の平方根 $\sqrt{V(X)}$ を，X の **標準偏差** といい，$\sigma(X)$ で表す。すなわち　　$\sigma(X) = \sqrt{V(X)}$

注意 σ はギリシャ文字の小文字で「シグマ」と読む。

5 分散と期待値

$$V(X) = E(X^2) - \{E(X)\}^2$$

6 $aX+b$ の分散，標準偏差

X を確率変数，a，b を定数とするとき

$$V(aX+b) = a^2 V(X), \qquad \sigma(aX+b) = |a|\sigma(X)$$

A 確率変数の期待値

教 p.59

練習 3 白玉 2 個，黒玉 3 個の入った袋から，3 個の玉を同時に取り出すとき，出る白玉の個数を X とする。確率変数 X の期待値を求めよ。

指針 **確率変数の期待値** 設定は，練習 2 と同じである。与えられた確率変数 X の確率分布に対して $E(X) = x_1 p_1 + x_2 p_2 + \cdots\cdots + x_n p_n$ を計算する。

解答 X のとりうる値は，0，1，2 であり

$$P(X=0) = \frac{{}_3\mathrm{C}_3}{{}_5\mathrm{C}_3} = \frac{1}{10}, \qquad P(X=1) = \frac{{}_2\mathrm{C}_1 \times {}_3\mathrm{C}_2}{{}_5\mathrm{C}_3} = \frac{6}{10}$$

$$P(X=2)=\frac{{}_2C_2\times{}_3C_1}{{}_5C_3}=\frac{3}{10}$$

よって，X の期待値 $E(X)$ は

$$E(X)=0\cdot\frac{1}{10}+1\cdot\frac{6}{10}+2\cdot\frac{3}{10}=\frac{12}{10}=\frac{6}{5} \quad \text{答}$$

B 確率変数の変換と期待値

練習 4 教 p.60

教科書例 4 について，確率変数 $2X+1$ の確率分布を求め，それを利用して期待値を求めよ。また，その期待値が例 4 で求めたものと一致していることを確かめよ。

指針 $aX+b$ **の期待値** $E(aX+b)=aE(X)+b$ が成り立つことの確認である。

解答 $2X+1$ のとりうる値は

$2\cdot1+1$, $2\cdot2+1$, $2\cdot3+1$,

$2\cdot4+1$, $2\cdot5+1$, $2\cdot6+1$

すなわち 3, 5, 7, 9, 11, 13

また，X の確率分布は，右上の表のようになる。

X	1	2	3	4	5	6	計
P	$\frac{1}{6}$	$\frac{1}{6}$	$\frac{1}{6}$	$\frac{1}{6}$	$\frac{1}{6}$	$\frac{1}{6}$	1

よって，$2X+1$ の確率分布は，右下の表のようになる。

$2X+1$	3	5	7	9	11	13	計
P	$\frac{1}{6}$	$\frac{1}{6}$	$\frac{1}{6}$	$\frac{1}{6}$	$\frac{1}{6}$	$\frac{1}{6}$	1

したがって，$2X+1$ の期待値は

$$E(2X+1)=3\cdot\frac{1}{6}+5\cdot\frac{1}{6}+7\cdot\frac{1}{6}+9\cdot\frac{1}{6}+11\cdot\frac{1}{6}+13\cdot\frac{1}{6}$$

$$=(3+5+7+9+11+13)\cdot\frac{1}{6}=\frac{48}{6}=8 \quad \text{答}$$

これは，教科書例 4 で求めた期待値と一致している。 終

練習 5 教 p.60

教科書例 4 の確率変数 X に対して，次の確率変数の期待値を求めよ。

(1) $4X-1$ (2) $-3X$

指針 $aX+b$ **の期待値** $E(aX+b)=aE(X)+b$ の関係式を利用して，教科書例 4 で求めた $E(X)$ の値をもとにして計算する。

解答 教科書例 4 の確率変数 X について，$E(X)=\frac{7}{2}$ である。

(1) $4X-1$ の期待値は $\quad E(4X-1)=4E(X)-1=4\cdot\frac{7}{2}-1=13 \quad$ 答

(2) $-3X$ の期待値は $\quad E(-3X)=-3E(X)=-3\cdot\frac{7}{2}=-\frac{21}{2} \quad$ 答

練習 6 教 p.61

2枚の硬貨を同時に投げて表が出る硬貨の枚数を X とするとき，確率変数 X^2 の期待値を求めよ。

指針 **X^2 の期待値** X のとりうる値は 0, 1, 2

解答 表裏の出方は全部で $2^2 = 4$(通り)

$X = 0$ となるのは （裏，裏）

$X = 1$ となるのは （表，裏），（裏，表）

$X = 2$ となるのは （表，表）

よって，X の確率分布は表のようになる。

したがって，X^2 の期待値は

X	0	1	2	計
P	$\dfrac{1}{4}$	$\dfrac{2}{4}$	$\dfrac{1}{4}$	1

$$E(X^2) = 0^2 \cdot \frac{1}{4} + 1^2 \cdot \frac{2}{4} + 2^2 \cdot \frac{1}{4} = \frac{3}{2} \quad 答$$

C 確率変数の分散と標準偏差

練習 7 教 p.63

確率変数 Y の確率分布が右の表で与えられるとき，Y の分散と標準偏差を求めよ。また，Y と教科書例6の確率変数 X では，値がそれぞれの期待値の近くに集中する傾向にあるのはどちらと考えられるか。

得られた分散，標準偏差によって比較せよ。

Y	0	1	2	計
P	$\dfrac{1}{10}$	$\dfrac{6}{10}$	$\dfrac{3}{10}$	1

指針 **分散(標準偏差)の大小と期待値の関係** 確率変数の値は，分散(標準偏差)が小さいほど期待値の近くに集中する傾向にある。

解答 Y の期待値 m は $m = 0 \cdot \dfrac{1}{10} + 1 \cdot \dfrac{6}{10} + 2 \cdot \dfrac{3}{10} = \dfrac{12}{10} = \dfrac{6}{5}$

ゆえに，Y の分散は

$$V(Y) = \left(0 - \frac{6}{5}\right)^2 \cdot \frac{1}{10} + \left(1 - \frac{6}{5}\right)^2 \cdot \frac{6}{10} + \left(2 - \frac{6}{5}\right)^2 \cdot \frac{3}{10} = \frac{90}{250} = \frac{9}{25}$$

Y の標準偏差は $\sigma(Y) = \sqrt{V(Y)} = \sqrt{\dfrac{9}{25}} = \dfrac{3}{5}$ 答

また，教科書例6から $V(X) = \dfrac{1}{2}$

よって，$\dfrac{9}{25} < \dfrac{1}{2}$ より，$V(Y) < V(X)$ であるから，Y と X では，値が期待値の**近くに集中する傾向にあるのは Y である。** 答

教 p.63

練習 8

分散と期待値の関係式 $V(X)=E(X^2)-\{E(X)\}^2$ を用いて，練習7 の確率変数 Y について，分散 $V(Y)$ を求めよ。

指針 **分散と期待値** 関係式 $V(Y)=E(Y^2)-\{E(Y)\}^2$ を利用して求める。

解答
$$E(Y)=0\cdot\frac{1}{10}+1\cdot\frac{6}{10}+2\cdot\frac{3}{10}=\frac{12}{10}=\frac{6}{5}$$

$$E(Y^2)=0^2\cdot\frac{1}{10}+1^2\cdot\frac{6}{10}+2^2\cdot\frac{3}{10}=\frac{18}{10}=\frac{9}{5}$$

よって $\quad V(Y)=E(Y^2)-\{E(Y)\}^2=\frac{9}{5}-\left(\frac{6}{5}\right)^2=\frac{9}{25}$ 答

D 確率変数の変換と分散，標準偏差

教 p.64

練習 9

教科書例8の確率変数 X に対して，次の確率変数の期待値，分散，標準偏差を求めよ。

(1) $X-4$ (2) $-2X+7$

指針 $aX+b$ **の期待値，分散，標準偏差** 次の関係式を利用して求める。

$$E(aX+b)=aE(X)+b,\quad V(aX+b)=a^2V(X),\quad \sigma(aX+b)=|a|\,\sigma(X)$$

解答 教科書例8から $\quad E(X)=\dfrac{7}{2},\ V(X)=\dfrac{35}{12},\ \sigma(X)=\dfrac{\sqrt{105}}{6}$

(1) 確率変数 $X-4$ の期待値，分散，標準偏差は

$$E(X-4)=\frac{7}{2}-4=-\frac{1}{2},\qquad V(X-4)=1^2\cdot\frac{35}{12}=\frac{35}{12},$$

$$\sigma(X-4)=|1|\cdot\frac{\sqrt{105}}{6}=\frac{\sqrt{105}}{6}\qquad 答\quad 順に\quad -\frac{1}{2},\ \frac{35}{12},\ \frac{\sqrt{105}}{6}$$

(2) 確率変数 $-2X+7$ の期待値，分散，標準偏差は

$$E(-2X+7)=-2\cdot\frac{7}{2}+7=0,\qquad V(-2X+7)=(-2)^2\cdot\frac{35}{12}=\frac{35}{3},$$

$$\sigma(-2X+7)=|-2|\cdot\frac{\sqrt{105}}{6}=\frac{\sqrt{105}}{3}\qquad 答\quad 順に\quad 0,\ \frac{35}{3},\ \frac{\sqrt{105}}{3}$$

別解 $\sigma(-2X+7)=\sqrt{V(-2X+7)}=\sqrt{\dfrac{35}{3}}=\dfrac{\sqrt{105}}{3}$ 答

3 確率変数の和と積

まとめ

1 同時分布

教科書 65 ページの例 9 における確率変数 X, Y の確率分布は，右のように表される。この対応を X, Y の **同時分布** という。

この表から，X と Y それぞれの確率分布は，次の表で与えられる。

$X \diagdown Y$	1	2	計
1	$\dfrac{2}{15}$	$\dfrac{4}{15}$	$\dfrac{6}{15}$
2	$\dfrac{4}{15}$	$\dfrac{5}{15}$	$\dfrac{9}{15}$
計	$\dfrac{6}{15}$	$\dfrac{9}{15}$	1

X	1	2	計
P	$\dfrac{6}{15}$	$\dfrac{9}{15}$	1

Y	1	2	計
P	$\dfrac{6}{15}$	$\dfrac{9}{15}$	1

2 確率変数の和の期待値

2 つの確率変数 X, Y について
$$E(X+Y)=E(X)+E(Y)$$

3 3 つの確率変数の和の期待値

3 つの確率変数 X, Y, Z について
$$E(X+Y+Z)=E(X)+E(Y)+E(Z)$$

注意 4 つ以上についても，同様の関係式が成り立つ。

4 $aX+bY$ の期待値

2 つの確率変数 X, Y と定数 a, b について
$$E(aX+bY)=aE(X)+bE(Y)$$

5 確率変数の独立

2 つの確率変数 X, Y について
$$P(X=a,\ Y=b)=P(X=a)P(Y=b)$$

が a, b のとり方に関係なく常に成り立つとき，確率変数 X, Y は互いに **独立** であるという。

6 独立な試行と確率変数の独立

2 つの試行 S と T が独立であるとき，S の結果によって定まる確率変数 X と T の結果によって定まる確率変数 Y は互いに独立である。

7 独立な 2 つの確率変数の積の期待値

2 つの確率変数 X, Y が互いに独立であるとき　$E(XY)=E(X)E(Y)$

8 独立な 2 つの確率変数の和の分散

2 つの確率変数 X, Y が互いに独立であるとき　$V(X+Y)=V(X)+V(Y)$

9 3 つの確率変数の積の期待値・和の分散

3 つの確率変数 X, Y, Z について

$$P(X=a,\ Y=b,\ Z=c)=P(X=a)P(Y=b)P(Z=c)$$

が，a，b，c のとり方に関係なく常に成り立つとき，確率変数 X，Y，Z は互いに **独立** であるという。確率変数 X，Y，Z が互いに独立であるとき
積 XYZ の期待値は

$$E(XYZ)=E(X)E(Y)E(Z)$$

和 $X+Y+Z$ の分散は

$$V(X+Y+Z)=V(X)+V(Y)+V(Z)$$

注意 4つ以上についても，同様の関係式が成り立つ。

A 同時分布

教 p.66

練習 10 教科書例9の確率変数 X，Y の確率分布は等しい。このことから，例9の試行についてわかることを述べよ。

解答 X と Y の確率分布は等しいから，取り出した玉をもとにもどさない場合において，1個目，2個目それぞれの玉を取り出す確率は変わらない。 答

教 p.66

練習 11 教科書例9と同じ，1と書いた玉が4個，2と書いた玉が6個入った袋から最初に1個を取り出し，その玉に書いてある値を X とする。最初に取り出した玉を<u>もとにもどして</u>2個目を取り出し，その玉に書いてある値を Y とする。このとき，X と Y の同時分布を求めよ。

指針 **同時分布** 2つの確率変数 X，Y について $P(X=1,\ Y=1)$，$P(X=1,\ Y=2)$，$P(X=2,\ Y=1)$，$P(X=2,\ Y=2)$ を計算する。

解答 2つの確率変数 X，Y について

$$P(X=1,\ Y=1)=\frac{4}{10}\cdot\frac{4}{10}=\frac{4}{25},\ P(X=1,\ Y=2)=\frac{4}{10}\cdot\frac{6}{10}=\frac{6}{25}$$

$$P(X=2,\ Y=1)=\frac{6}{10}\cdot\frac{4}{10}=\frac{6}{25},\ P(X=2,\ Y=2)=\frac{6}{10}\cdot\frac{6}{10}=\frac{9}{25}$$

X のみに着目すると

$$P(X=1)=\frac{4}{25}+\frac{6}{25}=\frac{10}{25}=\frac{2}{5}$$

$$P(X=2)=\frac{6}{25}+\frac{9}{25}=\frac{15}{25}=\frac{3}{5}$$

Y のみに着目すると

X＼Y	1	2	計
1	$\frac{4}{25}$	$\frac{6}{25}$	$\frac{2}{5}$
2	$\frac{6}{25}$	$\frac{9}{25}$	$\frac{3}{5}$
計	$\frac{2}{5}$	$\frac{3}{5}$	1

$$P(Y=1)=\frac{4}{25}+\frac{6}{25}=\frac{10}{25}=\frac{2}{5}$$

$$P(Y=2)=\frac{6}{25}+\frac{9}{25}=\frac{15}{25}=\frac{3}{5}$$

よって，XとYの同時分布は前ページの表のようになる。 答

B 確率変数の和の期待値

練習 12　教 p.67

確率変数 X，Y の確率分布が次の表で与えられているとき，$X+Y$ の期待値を求めよ。

X	1	3	5	計
P	$\frac{1}{3}$	$\frac{1}{3}$	$\frac{1}{3}$	1

Y	2	4	6	計
P	$\frac{1}{3}$	$\frac{1}{3}$	$\frac{1}{3}$	1

指針　**確率変数の和の期待値**　$E(X)$，$E(Y)$を計算すると，和$X+Y$の期待値$E(X+Y)$は，$E(X+Y)=E(X)+E(Y)$で求められる。

解答　Xの期待値は　$E(X)=1\cdot\frac{1}{3}+3\cdot\frac{1}{3}+5\cdot\frac{1}{3}=3$

Yの期待値は　$E(Y)=2\cdot\frac{1}{3}+4\cdot\frac{1}{3}+6\cdot\frac{1}{3}=4$

よって，$X+Y$の期待値は

$E(X+Y)=E(X)+E(Y)=3+4=7$　答

練習 13　教 p.68

3つの確率変数 X，Y，Z の確率分布が，いずれも右の表で与えられるとき，$X+Y+Z$ の期待値を求めよ。

変数	0	1	計
P	$\frac{1}{2}$	$\frac{1}{2}$	1

指針　**3つの確率変数の和の期待値**　確率変数 X，Y，Z の確率分布は等しいから，その期待値 $E(X)$，$E(Y)$，$E(Z)$ もすべて等しい。まずその期待値を計算し，$E(X+Y+Z)=E(X)+E(Y)+E(Z)$ を利用して求める。

解答　$E(X)=E(Y)=E(Z)=0\cdot\frac{1}{2}+1\cdot\frac{1}{2}=\frac{1}{2}$

よって，$X+Y+Z$の期待値は

$E(X+Y+Z)=E(X)+E(Y)+E(Z)$

$$=\frac{1}{2}+\frac{1}{2}+\frac{1}{2}$$

$$=\frac{3}{2}$$　答

【?】 教 p.68

Z の確率分布を求め，それを利用して Z の期待値を求めてみよう。

解答 確率変数 X，Y の同時分布は，右の表のようになる。
ゆえに，$Z=500X+100Y$ であるから，Z の確率分布
は下の表のようになる。

$X \diagdown Y$	0	1	計
0	$\dfrac{1}{4}$	$\dfrac{1}{4}$	$\dfrac{1}{2}$
1	$\dfrac{1}{4}$	$\dfrac{1}{4}$	$\dfrac{1}{2}$
計	$\dfrac{1}{2}$	$\dfrac{1}{2}$	1

Z	0	100	500	600	計
P	$\dfrac{1}{4}$	$\dfrac{1}{4}$	$\dfrac{1}{4}$	$\dfrac{1}{4}$	1

よって，Z の期待値 $E(Z)$ は

$$E(Z)=0\cdot\frac{1}{4}+100\cdot\frac{1}{4}+500\cdot\frac{1}{4}+600\cdot\frac{1}{4}=\frac{1200}{4}=300 \quad \boxed{答}$$

教 p.69

練習 14 1個のさいころを2回投げて，1回目は出た目の10倍の点，2回目
は出た目の5倍の点が得られるとき，合計得点の期待値を求めよ。

指針 **$aX+bY$ の期待値** さいころを2回投げたとき，1回目に出る目を X，2回
目に出る目を Y とすると，得点は $10X+5Y$ で表される。その期待値を，
$E(aX+bY)=aE(X)+bE(Y)$ の関係を利用して計算する。

解答 1個のさいころを2回投げたとき，1回目に出た目を X，2回目に出た目を Y
とすると，得点は $10X+5Y$ で表される。

X，Y の確率分布は，いずれも表のようになる。

変数	1	2	3	4	5	6	計
P	$\dfrac{1}{6}$	$\dfrac{1}{6}$	$\dfrac{1}{6}$	$\dfrac{1}{6}$	$\dfrac{1}{6}$	$\dfrac{1}{6}$	1

よって，X，Y の期待値は

$$E(X)=E(Y)$$
$$=1\cdot\frac{1}{6}+2\cdot\frac{1}{6}+3\cdot\frac{1}{6}+4\cdot\frac{1}{6}+5\cdot\frac{1}{6}+6\cdot\frac{1}{6}$$
$$=\frac{7}{2}$$

$\leftarrow \displaystyle\sum_{k=1}^{6}\left(k\cdot\frac{1}{6}\right)=\frac{1}{2}\cdot6\cdot7\times\frac{1}{6}$

したがって，得点 $10X+5Y$ の期待値は

$$E(10X+5Y)=10E(X)+5E(Y)$$
$$=10\cdot\frac{7}{2}+5\cdot\frac{7}{2}=\frac{105}{2} \quad \boxed{答}$$

C 独立な 2 つの確率変数の積の期待値

教 p.70

練習 15

2 つの確率変数 X, Y が互いに独立で，それぞれの確率分布が次の表で与えられるとき，XY の期待値を求めよ。

X	1	3	計
P	$\dfrac{2}{3}$	$\dfrac{1}{3}$	1

Y	2	5	計
P	$\dfrac{2}{3}$	$\dfrac{1}{3}$	1

指針 **独立な確率変数の積の期待値** X, Y は互いに独立であるから，期待値について，$E(XY)=E(X)E(Y)$ が成り立つ。よって，$E(X)$, $E(Y)$ を求める。

解答 X, Y の期待値は，それぞれ

$$E(X)=1\cdot\frac{2}{3}+3\cdot\frac{1}{3}=\frac{5}{3}$$

$$E(Y)=2\cdot\frac{2}{3}+5\cdot\frac{1}{3}=3$$

X, Y は互いに独立であるから，XY の期待値は

$$E(XY)=E(X)E(Y)=\frac{5}{3}\cdot3=5 \quad \text{答}$$

D 独立な 2 つの確率変数の和の分散

教 p.71

練習 16

練習 15 の，互いに独立な確率変数 X, Y について，$X+Y$ の分散と標準偏差を求めよ。

指針 **独立な確率変数の和の分散と標準偏差**

X, Y は互いに独立であるから，分散について，$V(X+Y)=V(X)+V(Y)$ が成り立つ。$V(X)$ は，$E(X^2)-\{E(X)\}^2$ を計算する。

また，標準偏差については $\sigma(X+Y)=\sqrt{V(X+Y)}$ により求める。

解答 $E(X)=1\cdot\dfrac{2}{3}+3\cdot\dfrac{1}{3}=\dfrac{5}{3}$, $E(X^2)=1^2\cdot\dfrac{2}{3}+3^2\cdot\dfrac{1}{3}=\dfrac{11}{3}$

$E(Y)=2\cdot\dfrac{2}{3}+5\cdot\dfrac{1}{3}=3$, $E(Y^2)=2^2\cdot\dfrac{2}{3}+5^2\cdot\dfrac{1}{3}=11$

よって $V(X)=E(X^2)-\{E(X)\}^2=\dfrac{11}{3}-\left(\dfrac{5}{3}\right)^2=\dfrac{8}{9}$

$V(Y)=E(Y^2)-\{E(Y)\}^2=11-3^2=2$

X, Y は互いに独立であるから，$X+Y$ の分散は

$$V(X+Y)=V(X)+V(Y)=\frac{8}{9}+2=\frac{26}{9} \quad \text{答}$$

また，$X+Y$ の標準偏差は

$$\sigma(X+Y)=\sqrt{V(X+Y)}=\sqrt{\frac{26}{9}}=\frac{\sqrt{26}}{3} \quad 答$$

E 3つ以上の確率変数の独立

練習 17 大中小3個のさいころを投げるとき，次の値を求めよ。
(1) 出る目の和の期待値　　　(2) 出る目の積の期待値
(3) 出る目の和の分散

指針 **3つの確率変数の積の期待値・和の分散**　3個のさいころの出る目の数をそれぞれ X，Y，Z とする。X，Y，Z は互いに独立であるから，
$$E(XYZ)=E(X)E(Y)E(Z),\quad V(X+Y+Z)=V(X)+V(Y)+V(Z)$$
が成り立つ。

よって，X，Y，Z の期待値と分散をそれぞれ計算する。

解答 大中小のさいころの出る目の数をそれぞれ X，Y，Z とする。
それぞれのさいころを投げるという試行は独立であるから，その結果によって定まる X，Y，Z は互いに独立である。
X，Y，Z の確率分布はいずれも表のようになる。

変数	1	2	3	4	5	6	計
確率	$\frac{1}{6}$	$\frac{1}{6}$	$\frac{1}{6}$	$\frac{1}{6}$	$\frac{1}{6}$	$\frac{1}{6}$	1

よって
$$E(X)=E(Y)=E(Z)=\sum_{k=1}^{6}\left(k\cdot\frac{1}{6}\right)=\frac{1}{2}\cdot6\cdot7\times\frac{1}{6}=\frac{7}{2}$$
$$E(X^2)=E(Y^2)=E(Z^2)=\sum_{k=1}^{6}\left(k^2\cdot\frac{1}{6}\right)=\frac{1}{6}\cdot6\cdot7\cdot13\times\frac{1}{6}=\frac{91}{6}$$
$$V(X)=V(Y)=V(Z)=E(X^2)-\{E(X)\}^2=\frac{91}{6}-\left(\frac{7}{2}\right)^2=\frac{35}{12}$$

(1) 出る目の和 $X+Y+Z$ の期待値は
$$E(X+Y+Z)=E(X)+E(Y)+E(Z)=\frac{7}{2}+\frac{7}{2}+\frac{7}{2}=\frac{21}{2} \quad 答$$

(2) X，Y，Z は互いに独立であるから，積 XYZ の期待値は
$$E(XYZ)=E(X)E(Y)E(Z)$$
$$=\left(\frac{7}{2}\right)^3=\frac{343}{8} \quad 答$$

(3) X，Y，Z は互いに独立であるから，和 $X+Y+Z$ の分散は
$$V(X+Y+Z)=V(X)+V(Y)+V(Z)$$
$$=\frac{35}{12}\cdot3=\frac{35}{4} \quad 答$$

4 二項分布

まとめ

1 反復試行の確率

1回の試行で事象 A の起こる確率を p とする。この試行を n 回行う反復試行で，A がちょうど r 回起こる確率は

$$_nC_r p^r q^{n-r} \quad ただし，q=1-p$$

2 二項分布

1回の試行で事象 A の起こる確率を p とする。このような n 回の反復試行において，事象 A の起こる回数を X とすると，X は確率変数で，その確率分布は表のようになる。

X	0	1	……	r	……	n	計
P	$_nC_0 q^n$	$_nC_1 pq^{n-1}$	……	$_nC_r p^r q^{n-r}$	……	$_nC_n p^n$	1

この表で与えられる確率分布を **二項分布** といい，$B(n, p)$ で表す。また，確率変数 X は二項分布 $B(n, p)$ に従うという。

3 二項分布に従う確率変数の期待値，分散，標準偏差

確率変数 X が二項分布 $B(n, p)$ に従うとき

期待値は $\quad E(X)=np$

分散は $\quad V(X)=npq \quad$ ただし，$q=1-p$

標準偏差は $\quad \sigma(X)=\sqrt{V(X)}=\sqrt{npq}$

A 二項分布

練習 18

教 p.74

1個のさいころを5回投げて，2以下の目が出る回数を X とする。X はどのような二項分布に従うか。また，次の確率を求めよ。

(1) $P(X=2)$　　　(2) $P(X=5)$　　　(3) $P(2 \leqq X \leqq 4)$

指針 **二項分布と反復試行の確率**　反復試行を5回行うから，X は二項分布 $B(5, p)$ に従い，p はさいころを1回投げたときに2以下の目が出る確率である。また，(1)〜(3)は，$P(X=r)={}_5C_r p^r(1-p)^{5-r}$ により求める。

解答 2以下の目は1または2の2通りである。

よって，2以下の目が出る確率は $\quad \dfrac{2}{6}=\dfrac{1}{3}$

したがって，X は **二項分布 $B\left(5, \dfrac{1}{3}\right)$** に従う。 答

また，2以下の目が r 回出る確率は

$$P(X=r) = {}_5C_r\left(\frac{1}{3}\right)\left(1-\frac{1}{3}\right)^{5-r} = {}_5C_r\left(\frac{1}{3}\right)^r\left(\frac{2}{3}\right)^{5-r}$$

(1) $\quad P(X=2) = {}_5C_2\left(\frac{1}{3}\right)^2\left(\frac{2}{3}\right)^3 = 10\cdot\frac{8}{243} = \frac{80}{243}$ 答

(2) $\quad P(X=5) = {}_5C_5\left(\frac{1}{3}\right)^5 = 1\cdot\frac{1}{243} = \frac{1}{243}$ 答

(3) $\quad P(2\leqq X\leqq 4) = P(X=2) + P(X=3) + P(X=4)$

$$= \frac{80}{243} + {}_5C_3\left(\frac{1}{3}\right)^3\left(\frac{2}{3}\right)^2 + {}_5C_4\left(\frac{1}{3}\right)^4\left(\frac{2}{3}\right)^1$$

$$= \frac{80}{243} + \frac{40}{243} + \frac{10}{243} = \frac{130}{243}$$ 答

B 二項分布に従う確率変数の期待値と分散

練習 19 確率変数 X が二項分布 $B\left(9, \frac{1}{2}\right)$ に従うとき，X の期待値，分散，標準偏差を求めよ。 教 p.75

指針 **二項分布と期待値，分散，標準偏差** X が二項分布 $B(n, p)$ に従うとき

期待値は $\quad E(X) = np$

分散は $\quad V(X) = np(1-p)$ 　　標準偏差は $\quad \sigma(X) = \sqrt{V(X)}$

解答 確率変数 X は二項分布 $B\left(9, \frac{1}{2}\right)$ に従う。

X の期待値は $\quad E(X) = 9\cdot\frac{1}{2} = \frac{9}{2}$

X の分散は $\quad V(X) = 9\cdot\frac{1}{2}\cdot\left(1-\frac{1}{2}\right) = \frac{9}{4}$

X の標準偏差は $\quad \sigma(X) = \sqrt{V(X)} = \sqrt{\frac{9}{4}} = \frac{3}{2}$

答 期待値 $\frac{9}{2}$，分散 $\frac{9}{4}$，標準偏差 $\frac{3}{2}$

練習 20 次の確率変数 X の期待値，分散，標準偏差を求めよ。 教 p.75

(1) 1 個のさいころを 90 回投げて，2 以下の目が出る回数 X

(2) 不良品が全体の 2% 含まれる大量の製品の山から，1 個を取り出して不良品かどうか調べることを 300 回繰り返すとき，不良品を取り出す回数 X

指針 **二項分布と期待値，分散，標準偏差** X は二項分布 $B(n, p)$ に従う。n と p

の値を求めて $E(X) = np$, $V(X) = np(1-p)$ を計算する。

解答 (1) さいころを 1 回投げて，2 以下の目が出る確率 p は $\qquad p = \dfrac{2}{6} = \dfrac{1}{3}$

よって，X は二項分布 $B\left(90, \dfrac{1}{3}\right)$ に従うから

X の期待値は $\qquad E(X) = 90 \cdot \dfrac{1}{3} = 30$

X の分散は $\qquad V(X) = 90 \cdot \dfrac{1}{3} \cdot \left(1 - \dfrac{1}{3}\right) = 20$

X の標準偏差は $\qquad \sigma(X) = \sqrt{20} = 2\sqrt{5}$ 答

(2) 1 個を取り出して，不良品が出る確率 p は $\qquad p = \dfrac{2}{100} = \dfrac{1}{50}$

よって，X は二項分布 $B\left(300, \dfrac{1}{50}\right)$ に従うから

X の期待値は $\qquad E(X) = 300 \cdot \dfrac{1}{50} = 6$

X の分散は $\qquad V(X) = 300 \cdot \dfrac{1}{50} \cdot \left(1 - \dfrac{1}{50}\right) = \dfrac{147}{25}$

X の標準偏差は $\qquad \sigma(X) = \sqrt{\dfrac{147}{25}} = \dfrac{7\sqrt{3}}{5}$ 答

5 正規分布

まとめ

1 連続型確率変数と分布曲線

連続した値をとる確率変数 X を **連続型確率変数** という。連続型確率変数の確率分布を考える場合は，X に 1 つの曲線 $y = f(x)$ を対応させ，確率 $P(a \leqq X \leqq b)$ が図の斜線部分の面積で表されるようにする。

この曲線 $y = f(x)$ を，X の **分布曲線** といい，関数 $f(x)$ を **確率密度関数** という。

2 確率密度関数の性質

確率密度関数 $f(x)$ は，次のような性質をもつ。

[1] 常に $f(x) \geqq 0$ である。

[2] $P(a \leqq X \leqq b) = \displaystyle\int_a^b f(x)\,dx$

[3] X のとりうる値の範囲が $\alpha \leqq X \leqq \beta$ のとき $\displaystyle\int_\alpha^\beta f(x)\,dx = 1$

3 正規分布曲線と正規分布

m を実数，σ を正の実数とする。

このとき，関数 $f(x)=\dfrac{1}{\sqrt{2\pi}\,\sigma}e^{-\frac{(x-m)^2}{2\sigma^2}}$

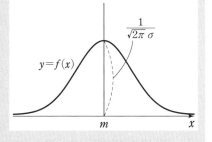

を確率密度関数とするような確率
変数 X は **正規分布** $N(m,\ \sigma^2)$ に
従うという。ここで e は無理数の
定数で，$e=2.71828\cdots\cdots$ である。
曲線 $y=f(x)$ を **正規分布曲線** という。

注意 $N(m,\ \sigma^2)$ の N は，正規分布を意味する英語 normal distribution の頭文
字である。

4 正規分布の期待値，標準偏差

確率変数 X が正規分布 $N(m,\ \sigma^2)$ に従うとき

期待値は $\qquad E(X)=m$

標準偏差は $\quad \sigma(X)=\sigma$

5 正規分布曲線の性質

確率変数 X が正規分布 $N(m,\ \sigma^2)$ に従うとき，X の分布曲線 $y=f(x)$ は，次の
ような性質をもつ。

[1] 直線 $x=m$ に関して対称であり，
y は $x=m$ で最大値をとる。

[2] x 軸を漸近線にもち，x 軸と分布
曲線の間の面積は 1 である。

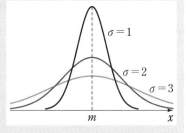

[3] 標準偏差 σ が大きくなると曲線
の山は低くなって横に広がる。
σ が小さくなると曲線の山は高く
なって，直線 $x=m$ の周りに集まる。

6 正規分布と標準正規分布

確率変数 X が正規分布 $N(m,\ \sigma^2)$ に従うとき，$Z=\dfrac{X-m}{\sigma}$ とおくと，確率変数
Z は正規分布 $N(0,\ 1)$ に従う。正規分布 $N(0,\ 1)$ を **標準正規分布** という。

7 二項分布の正規分布による近似

二項分布と正規分布の関係について，次のことが成り立つ。ただし，いずれの
場合も $q=1-p$ とする。

[1] 二項分布 $B(n,\ p)$ に従う確率変数 X は，n が十分大きいとき，近似的に
正規分布 $N(np,\ npq)$ に従う。

[2] 二項分布 $B(n,\ p)$ に従う確率変数 X に対し，$Z=\dfrac{X-np}{\sqrt{npq}}$ は，n が十分大
きいとき，近似的に標準正規分布 $N(0,\ 1)$ に従う。

A 連続型確率変数

練習 21

確率変数 X の確率密度関数 $f(x)$ が次の式で与えられるとき，指定された確率をそれぞれ求めよ。

(1) $f(x)=x$ $(0\leqq x\leqq\sqrt{2})$　　$0\leqq X\leqq0.5$ である確率

(2) $f(x)=0.5x$ $(0\leqq x\leqq2)$　　$1\leqq X\leqq2$ である確率

指針 **確率密度関数**　連続型確率変数 X の確率密度関数が $f(x)$ であるとき，確率 $P(a\leqq X\leqq b)$ は，曲線 $y=f(x)$ と x 軸，2 直線 $x=a$，$x=b$ が囲む部分の面積に等しい。

(1)　直線 $y=x$ と x 軸，直線 $x=0.5$ が囲む部分の面積に等しい。

(2)　直線 $y=0.5x$ と x 軸，2 直線 $x=1$，$x=2$ が囲む部分の面積に等しい。

解答 (1)　下の図 1 より　$P(0\leqq X\leqq0.5)=\dfrac{1}{2}\times0.5\times0.5=\textbf{0.125}$　答

(2)　下の図 2 より　$P(1\leqq X\leqq2)=1-\dfrac{1}{2}\times1\times0.5$　　←(全体)−(小さい三角形)

$$=1-0.25=\textbf{0.75}$$　答

図 1 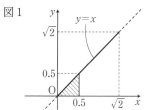　図 2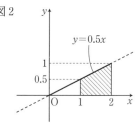

B 正規分布

練習 22

教科書 60 ページの $aX+b$ の期待値の等式，教科書 64 ページの $aX+b$ の標準偏差の等式は，X が連続型確率変数のときも成り立つ。このことを用いて，確率変数 X が正規分布 $N(m,\ \sigma^2)$ に従うとき，$Z=\dfrac{X-m}{\sigma}$ とおくと，確率変数 Z について，$E(Z)=0$，$\sigma(Z)=1$ であることを示せ。

解答 $E(X)=m$，$\sigma(X)=\sigma$ から，確率変数 Z の期待値，標準偏差は

$$E(Z)=E\left(\frac{X-m}{\sigma}\right)=E\left(\frac{1}{\sigma}\cdot X-\frac{m}{\sigma}\right)=\frac{1}{\sigma}\cdot m-\frac{m}{\sigma}=0$$

$$\sigma(Z)=\sigma\left(\frac{X-m}{\sigma}\right)=\sigma\left(\frac{1}{\sigma}\cdot X-\frac{m}{\sigma}\right)=\left|\frac{1}{\sigma}\right|\cdot\sigma=1$$　終

練習
23

正規分布 $N(m, \sigma^2)$ に従う確率変数 X について，$Z = \dfrac{X-2}{3}$ が標準正規分布 $N(0, 1)$ に従うとき，m, σ の値を求めよ。

指針 **正規分布と標準正規分布** X が正規分布 $N(m, \sigma^2)$ に従うとき，$Z = \dfrac{X-m}{\sigma}$ とおくと，Z は標準正規分布 $N(0, 1)$ に従う。このことから m, σ の値を求める。

解答 $m=2$, $\sigma=3$ 答

練習
24

下の 2 つの等式が成り立つ理由を，標準正規分布の分布曲線 $y = f(z)$ の性質を用いて説明せよ。

$$P(-u \leqq Z \leqq 0) = P(0 \leqq Z \leqq u) = p(u)$$
$$P(Z \leqq 0) = P(Z \geqq 0) = 0.5$$

解答 $y = f(z)$ のグラフは y 軸に関して対称であるから，図より

$$P(-u \leqq Z \leqq 0) = P(0 \leqq Z \leqq u)$$

であり，これは $p(u)$ に等しい。
さらに，z 軸と分布曲線の間の面積は 1 であるから　　$P(Z \leqq 0) = P(Z \geqq 0) = 0.5$ 終

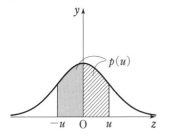

練習
25

確率変数 Z が標準正規分布 $N(0, 1)$ に従うとき，次の確率を求めよ。

(1) $P(-2 \leqq Z \leqq 2)$ (2) $P(-1.56 \leqq Z \leqq -1)$ (3) $P(Z \leqq 0.5)$

指針 **標準正規分布と正規分布表** 標準正規分布 $N(0, 1)$ に従う確率変数 Z に対して，いろいろな確率を求めるには，まず求める確率を $P(0 \leqq Z \leqq u)$ の形の和や差で表し，次に，教科書巻末の正規分布表を用いて必要な値を求める。

解答 (1) $P(-2 \leqq Z \leqq 2) = P(-2 \leqq Z \leqq 0) + P(0 \leqq Z \leqq 2) = P(0 \leqq Z \leqq 2) + P(0 \leqq Z \leqq 2)$
$\qquad\qquad = 2P(0 \leqq Z \leqq 2) = 2p(2) = 2 \cdot 0.4772 = \mathbf{0.9544}$ 答

(2) $P(-1.56 \leqq Z \leqq -1) = P(-1.56 \leqq Z \leqq 0) - P(-1 \leqq Z \leqq 0)$
$\qquad\qquad = P(0 \leqq Z \leqq 1.56) - P(0 \leqq Z \leqq 1)$
$\qquad\qquad = p(1.56) - p(1) = 0.4406 - 0.3413 = \mathbf{0.0993}$ 答

(3) $P(Z \leqq 0.5) = P(Z \leqq 0) + P(0 \leqq Z \leqq 0.5)$
$\qquad\qquad = 0.5 + p(0.5) = 0.5 + 0.1915 = \mathbf{0.6915}$ 答

【?】 $Y=X-4$ とすると，確率変数 Y はどのような正規分布に従うだろうか。また，X と Y の分布曲線は，どのような位置関係にあるだろうか。

解答 $Y=X-4$ のとき，Y の期待値，標準偏差はそれぞれ

$E(Y)=E(X-4)=E(X)-4=4-4=0$，　　$\sigma(Y)=\sigma(X-4)=1\cdot\sigma(X)=3$

よって，確率変数 X が正規分布 $N(4,\ 3^2)$ に従うとき，確率変数 Y は，**正規分布 $N(0,\ 3^2)$ に従う。** 答

また，X の分布曲線が $\sigma=f(x)$ のとき，$Y=X-4$ の分布曲線は $X=Y+4$ から $\sigma=f(x+4)$ となる。すなわち，**Y の分布曲線は，X の分布曲線を x 軸方向に -4 だけ平行移動したものである。** 答

練習 26 確率変数 X が正規分布 $N(2,\ 5^2)$ に従うとき，次の確率を求めよ。

(1) $P(2 \leqq X \leqq 12)$ 　　　　(2) $P(0 \leqq X \leqq 5)$

指針 **一般の正規分布と正規分布表** 確率変数 X が正規分布 $N(m,\ \sigma^2)$ に従うとき，確率 $P(a \leqq X \leqq b)$ を求めるには，次のようにする。

[1] $Z=\dfrac{X-m}{\sigma}$ とおくと，Z は標準正規分布 $N(0,\ 1)$ に従う。

ここで，$X=a$ のとき $Z=\alpha$，$X=b$ のとき $Z=\beta$ とする。

すなわち　　$\alpha=\dfrac{a-m}{\sigma}$，$\beta=\dfrac{b-m}{\sigma}$

このとき，$P(a \leqq X \leqq b)=P(\alpha \leqq Z \leqq \beta)$ が成り立つ。

[2] Z は標準正規分布 $N(0,1)$ に従うから，正規分布表を用いて $P(\alpha \leqq Z \leqq \beta)$ を求めることができる。

よって，$P(a \leqq X \leqq b)$ がわかる。

解答 $Z=\dfrac{X-2}{5}$ とおくと，Z は標準正規分布 $N(0,\ 1)$ に従う。

(1) $X=2$ のとき　　$Z=\dfrac{2-2}{5}=0$

　　$X=12$ のとき　　$Z=\dfrac{12-2}{5}=2$

よって　　$P(2 \leqq X \leqq 12)=P(0 \leqq Z \leqq 2)=p(2)=\textbf{0.4772}$ 答

(2) $X=0$ のとき　　$Z=\dfrac{0-2}{5}=-0.4$

　　$X=5$ のとき　　$Z=\dfrac{5-2}{5}=0.6$

よって　　$P(0 \leqq X \leqq 5)=P(-0.4 \leqq Z \leqq 0.6)$

$$=P(-0.4 \leqq Z \leqq 0)+P(0 \leqq Z \leqq 0.6)$$
$$=P(0 \leqq Z \leqq 0.4)+P(0 \leqq Z \leqq 0.6)=p(0.4)+p(0.6)$$
$$=0.1554+0.2257=\textbf{0.3811} \quad \text{答}$$

Expression

教 p.82

$P(m-1.96\sigma \leqq X \leqq m+1.96\sigma)=0.95$ はどのような意味であるか，「期待値」「標準偏差」「確率」を用いて言葉で表現してみよう。

解答 確率変数 X が，期待値 m，標準偏差 σ の正規分布 $N(m, \sigma)$ に従うとき，$m-1.96\sigma \leqq X \leqq m+1.96\sigma$ である確率は，0.95 である。 答

C 正規分布の活用

【?】 教 p.83

身長が低い方から約 8.5% 以内にいる生徒の身長は，何 cm 以下といえるだろうか。

解答 正規分布の対称性から
$$178-169.9=8.1$$
より $\quad 169.9-8.1=161.8$
よって **161.8 cm 以下** 答

練習 27 教 p.83

ある年の高校2年生女子4万人の身長の平均値は 157.6 cm，標準偏差は 5.4 cm である。身長の分布を正規分布とみなすとき，次の問いに答えよ。

(1) この高校2年生女子4万人の中で，身長 152 cm 以下の生徒は約何%いるか。小数第2位を四捨五入して小数第1位まで求めよ。

(2) この高校2年生女子4万人の中で，身長 155 cm 以上 160 cm 以下の生徒は約何人いるか。十の位を四捨五入して求めよ。

指針 **正規分布の活用** 標準正規分布 $N(0,1)$ に従う確率変数 $Z=\dfrac{X-157.6}{5.4}$ を活用。

解答 身長を X cm とする。確率変数 X が正規分布 $N(157.6, 5.4^2)$ に従うとき，$Z=\dfrac{X-157.6}{5.4}$ は標準正規分布 $N(0, 1)$ に従う。

(1) $X=152$ のとき，$Z=\dfrac{152-157.6}{5.4}\fallingdotseq -1.04$ であるから
$$P(X \leqq 152)=P(Z \leqq -1.04)=P(Z \geqq 1.04)$$

$$=0.5-p(1.04)=0.5-0.3508=0.1492$$

よって，約 **14.9%** いる。 答

(2) $X=155$ のとき $\quad Z=\dfrac{155-157.6}{5.4}\fallingdotseq-0.48$

$X=160$ のとき $\quad Z=\dfrac{160-157.6}{5.4}\fallingdotseq0.44$

ゆえに $\quad P(155\leqq X\leqq160)=P(-0.48\leqq Z\leqq0.44)$
$$=P(0\leqq Z\leqq0.48)+P(0\leqq Z\leqq0.44)$$
$$=p(0.48)+p(0.44)=0.1844+0.1700=0.3544$$

よって，人数は $\quad 40000\times0.3544=14176$

したがって，**約 14200 人** いる。 答

D 二項分布の正規分布による近似

教 p.85

【?】 正規分布で近似する方法を用いずに正確な確率を求める場合，求める確率はどのような式で表すことができるだろうか。

解答 1個のさいころを1回投げて1の目が出る確率は $\dfrac{1}{6}$ であるから，1個のさいころを 720 回投げて，ちょうど k 回 1 の目が出る確率は，$0\leqq k\leqq720$ として

$$_{720}C_k\left(\frac{1}{6}\right)^k\left(1-\frac{1}{6}\right)^{720-k}=_{720}C_k\left(\frac{1}{6}\right)^k\left(\frac{5}{6}\right)^{720-k}$$

よって，1個のさいころを 720 回投げて，1 の目が 110 回以上 130 回以下出る確率は $\quad \displaystyle\sum_{k=110}^{130}{}_{720}C_k\left(\frac{1}{6}\right)^k\left(\frac{5}{6}\right)^{720-k}$ 答

教 p.85

練習 28 1個のさいころを 180 回投げて，1 の目が出る回数を X とするとき，$20\leqq X\leqq35$ となる確率を，教科書例題 2 にならって求めよ。

指針 **二項分布の正規分布による近似** X が二項分布 $B(n,\ p)$ に従うとすると，$m=np$，$\sigma^2=npq$ で，X は近似的に正規分布 $N(m,\ \sigma^2)$ に従うと考えられる。$Z=\dfrac{X-m}{\sigma}$ とおき，近似的に標準正規分布に従う Z に変換し，$P(20\leqq X\leqq35)=P(\alpha\leqq Z\leqq\beta)$ の関係より求める。

解答 1 の目が出る確率は $\dfrac{1}{6}$ で，X は二項分布 $B\left(180,\ \dfrac{1}{6}\right)$ に従う。

X の期待値 m と標準偏差 σ は

$$m=180\cdot\frac{1}{6}=30,\quad \sigma=\sqrt{180\cdot\frac{1}{6}\cdot\frac{5}{6}}=5$$

よって，X は近似的に正規分布 $N(30,\ 5^2)$ に従う。

ここで，$Z = \dfrac{X-30}{5}$ とおくと，Z は近似的に標準正規分布 $N(0,\ 1)$ に従う。

したがって，求める確率は

$$P(20 \leq X \leq 35) = P\left(\frac{20-30}{5} \leq Z \leq \frac{35-30}{5}\right)$$
$$= P(-2 \leq Z \leq 1) = P(0 \leq Z \leq 2) + P(0 \leq Z \leq 1)$$
$$= p(2) + p(1) = 0.4772 + 0.3413 = \mathbf{0.8185} \quad \text{答}$$

研究 連続型確率変数の期待値，分散，標準偏差

まとめ

連続型確率変数の期待値と標準偏差

連続型確率変数 X のとりうる値の範囲が $\alpha \leq X \leq \beta$ で，その確率密度関数が $f(x)$ であるとき，X の期待値 $m = E(X)$ と分散 $V(X)$ を，次の式で定める。また，X の標準偏差 $\sigma(X)$ は，$\sqrt{V(X)}$ で定める。

期待値　$m = E(X) = \displaystyle\int_\alpha^\beta xf(x)\,dx$

分散　　$V(X) = \displaystyle\int_\alpha^\beta (x-m)^2 f(x)\,dx$

練習1　　教 p.86

確率密度関数が $f(x) = x\ (0 \leq x \leq \sqrt{2}\,)$ である確率変数 X について，期待値，分散，標準偏差を求めよ。

指針　連続型確率変数の期待値，分散，標準偏差

期待値　$m = E(X) = \displaystyle\int_\alpha^\beta xf(x)\,dx$　　分散　$V(X) = \displaystyle\int_\alpha^\beta (x-m)^2 dx$

標準偏差　$\sigma(X) = \sqrt{V(X)}$

解答　期待値 m は　　$m = E(X) = \displaystyle\int_0^{\sqrt{2}} x \cdot x\,dx = \left[\frac{x^3}{3}\right]_0^{\sqrt{2}} = \dfrac{2\sqrt{2}}{3}$　答

また，**分散** $V(X)$ は

$$V(X) = \int_0^{\sqrt{2}} \left(x - \frac{2\sqrt{2}}{3}\right)^2 \cdot x\,dx = \int_0^{\sqrt{2}} \left(x^3 - \frac{4\sqrt{2}}{3}x^2 + \frac{8}{9}x\right)dx$$

$$= \left[\frac{x^4}{4} - \frac{4\sqrt{2}}{9}x^3 + \frac{4}{9}x^2\right]_0^{\sqrt{2}} = \frac{1}{9} \quad \text{答}$$

よって，**標準偏差** $\sigma(X)$ は　　$\sigma(X) = \sqrt{\dfrac{1}{9}} = \dfrac{1}{3}$　答

第2章 第1節　　問　題

1 番号1の札が3枚，番号2の札が4枚，番号3の札が5枚入った箱から札を1枚取り出し，その札の番号を X とする。X の期待値，分散，標準偏差を求めよ。

指針　**確率変数の期待値，分散，標準偏差**　番号は1〜3で，1枚だけ取り出すから，その番号 X のとりうる値は1〜3である。X の確率分布を調べ，期待値 $E(X)$ を求める。分散は $V(X)=E(X^2)-\{E(X)\}^2$ を用いて求める。

解答　X のとりうる値は1，2，3で，X の確率分布は表のようになる。

X	1	2	3	計
P	$\frac{3}{12}$	$\frac{4}{12}$	$\frac{5}{12}$	1

X の期待値は

$$E(X)=1\cdot\frac{3}{12}+2\cdot\frac{4}{12}+3\cdot\frac{5}{12}=\frac{13}{6}$$

また　$E(X^2)=1^2\cdot\frac{3}{12}+2^2\cdot\frac{4}{12}+3^2\cdot\frac{5}{12}=\frac{16}{3}$

X の分散は　$V(X)=E(X^2)-\{E(X)\}^2$
$$=\frac{16}{3}-\left(\frac{13}{6}\right)^2=\frac{23}{36}$$

X の標準偏差は

$$\sigma(X)=\sqrt{V(X)}=\sqrt{\frac{23}{36}}=\frac{\sqrt{23}}{6}$$

答　期待値 $\frac{13}{6}$，分散 $\frac{23}{36}$，標準偏差 $\frac{\sqrt{23}}{6}$

2 互いに独立な確率変数 X と Y の確率分布が次の表で与えられているとき，和 $X+Y$ の期待値，分散，標準偏差を求めよ。

X	0	1	2	計
P	$\frac{1}{10}$	$\frac{4}{10}$	$\frac{5}{10}$	1

Y	0	1	2	計
P	$\frac{3}{10}$	$\frac{6}{10}$	$\frac{1}{10}$	1

指針　**独立な確率変数の和の期待値，分散，標準偏差**　独立な確率変数 X，Y について
$$E(X+Y)=E(X)+E(Y)$$
$$V(X+Y)=V(X)+V(Y)$$
$$\sigma(X+Y)=\sqrt{V(X+Y)}$$

解答　X，Y の期待値は

$$E(X) = 0 \cdot \frac{1}{10} + 1 \cdot \frac{4}{10} + 2 \cdot \frac{5}{10} = \frac{14}{10} = \frac{7}{5}$$

$$E(Y) = 0 \cdot \frac{3}{10} + 1 \cdot \frac{6}{10} + 2 \cdot \frac{1}{10} = \frac{8}{10} = \frac{4}{5}$$

よって，$X+Y$ の期待値は

$$E(X+Y) = E(X) + E(Y) = \frac{7}{5} + \frac{4}{5} = \frac{11}{5}$$

また，$E(X^2) = 0^2 \cdot \frac{1}{10} + 1^2 \cdot \frac{4}{10} + 2^2 \cdot \frac{5}{10} = \frac{24}{10} = \frac{12}{5}$ であるから

$$V(X) = E(X^2) - \{E(X)\}^2 = \frac{12}{5} - \left(\frac{7}{5}\right)^2 = \frac{11}{25}$$

$E(Y^2) = 0^2 \cdot \frac{3}{10} + 1^2 \cdot \frac{6}{10} + 2^2 \cdot \frac{1}{10} = 1$ であるから

$$V(Y) = E(Y^2) - \{E(Y)\}^2 = 1 - \left(\frac{4}{5}\right)^2 = \frac{9}{25}$$

X，Y は互いに独立であるから，$X+Y$ の分散，標準偏差は

$$V(X+Y) = V(X) + V(Y) = \frac{11}{25} + \frac{9}{25} = \frac{20}{25} = \frac{4}{5}$$

$$\sigma(X+Y) = \sqrt{V(X+Y)} = \sqrt{\frac{4}{5}} = \frac{2\sqrt{5}}{5}$$

答 期待値 $\frac{11}{5}$，分散 $\frac{4}{5}$，標準偏差 $\frac{2\sqrt{5}}{5}$

教 p.87

3 ある製品が不良品である確率は 0.01 であるという。この製品 1000 個の中の不良品の個数を X とするとき，X の期待値，分散，標準偏差を求めよ。

指針 **二項分布の期待値，分散の応用** 製品を 1 個取り出すという試行を 1000 回繰り返したとき，不良品を取り出す個数を X と考える。このとき，X は二項分布に従う。

解答 製品を 1 個取り出すという試行で，不良品を取り出すという事象を A とすると，A の起こる確率は 0.01 である。
この試行を 1000 回繰り返す反復試行において，A がちょうど X 回起こるとすると，X の値が，この製品 1000 個の中の不良品の個数 X を表す。
ここで，X は二項分布 $B(1000,\ 0.01)$ に従う。

X の期待値は $\qquad E(X) = 1000 \cdot 0.01 = 10$

X の分散は $\qquad V(X) = 1000 \cdot 0.01 \cdot (1-0.01) = \frac{99}{10}$

X の標準偏差は $\qquad \sigma(X) = \sqrt{V(X)} = \sqrt{\frac{99}{10}} = \frac{3\sqrt{110}}{10}$

答　期待値 10，分散 $\dfrac{99}{10}$，標準偏差 $\dfrac{3\sqrt{110}}{10}$

教 p.87

4　確率変数 X のとる値の範囲が $0\leqq X\leqq 2$ で，その確率密度関数 $f(x)$ が次の式で与えられている。ただし，a は正の定数とする。

$$f(x)=\begin{cases} ax & (0\leqq x\leqq 1) \\ a(2-x) & (1\leqq x\leqq 2) \end{cases}$$

(1)　a の値を求めよ。　　　　(2)　$P(0.5\leqq X\leqq 1.5)$ を求めよ。

指針 **連続型確率変数と確率密度関数**
(1)　分布曲線と x 軸で囲まれた部分は三角形で，その面積が 1 から，a を決定。

解答 (1)　分布曲線と x 軸で囲まれた部分は，底辺の長さが 2，高さが a の二等辺三角形であり，その面積が 1 であるから

$$\frac{1}{2}\times 2\times a=1$$

よって　　$a=1$　答

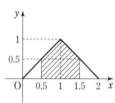

(2)　$P(0.5\leqq X\leqq 1.5)$

$=1-P(0\leqq X\leqq 0.5)-P(1.5\leqq X\leqq 2)$

$=1-2\times\left(\dfrac{1}{2}\times 0.5^{2}\right)=0.75$　答

教 p.87

5　1 枚の硬貨を 400 回投げるとき，表の出る回数 X が $\left|\dfrac{X}{400}-\dfrac{1}{2}\right|\leqq 0.05$ の範囲にある確率を，正規分布表を用いて求めよ。

指針 **二項分布の正規分布による近似**　二項分布 $B(n,\ p)$ に従う確率変数 X は，近似的に正規分布 $N(np,\ npq)$ に従う。ここで，$Z=\dfrac{X-np}{\sqrt{npq}}$ とおくと，Z は近似的に標準正規分布 $N(0,\ 1)$ に従うことを使う。

解答　表の出る確率は $\dfrac{1}{2}$ であるから，X は二項分布 $B\left(400,\ \dfrac{1}{2}\right)$ に従う。

X の期待値は　　　　$m=400\cdot\dfrac{1}{2}=200$

X の標準偏差は　　　$\sigma=\sqrt{400\cdot\dfrac{1}{2}\cdot\left(1-\dfrac{1}{2}\right)}=10$

よって，X は近似的に正規分布 $N(200,\ 10^{2})$ に従い，$Z=\dfrac{X-200}{10}$ は近似的に標準正規分布 $N(0,\ 1)$ に従う。

ここで　$\dfrac{X}{400}-\dfrac{1}{2}=\dfrac{10Z+200}{400}-\dfrac{1}{2}=\dfrac{Z}{40}$　　　　　$\leftarrow X=10Z+200$

したがって

$$P\left(\left|\dfrac{X}{400}-\dfrac{1}{2}\right|\leqq0.05\right)=P\left(\dfrac{|Z|}{40}\leqq0.05\right)=P(|Z|\leqq2)$$
$$=2p(2)=2\cdot0.4772=\textbf{0.9544}　\text{答}$$

教 p.87

6 ある工場で製造されているお菓子 1 袋の内容量を X g とすると，X は正規分布 $N(120,\ 3^2)$ に従うという。このお菓子 3 袋を 1 セットとするとき，1 セットの内容量を Y g として，Y の期待値と標準偏差を求めよ。

指針　**独立な 3 つの確率変数の和の期待値，標準偏差**　お菓子 3 袋の内容量をそれぞれ X_1 g，X_2 g，X_3 g とし，確率変数 X_1，X_2，X_3 の期待値，分散を求める。

解答　お菓子 3 袋の内容量をそれぞれ X_1 g，X_2 g，X_3 g とすると，確率変数 X_1，X_2，X_3 は正規分布 $N(120,\ 3^2)$ に従う。

また　　　$Y=X_1+X_2+X_3$

ゆえに，Y の期待値は

$$E(Y)=E(X_1)+E(X_2)+E(X_3)=120+120+120=360　\text{答}$$

また，X_1，X_2，X_3 は互いに独立であるから，Y の分散は

$$V(Y)=V(X_1)+V(X_2)+V(X_3)=3^2+3^2+3^2=27$$

よって，Y の標準偏差は　　　$\sigma(Y)=\sqrt{V(Y)}=\sqrt{27}=3\sqrt{3}$　　答

第2節 統計的な推測

6 母集団と標本

まとめ

1 全数調査と標本調査

統計的な調査には，調査の対象全体のデータを集めて調べる **全数調査** と，調査の対象全体からその一部を抜き出して調べる **標本調査** という方法がある。

2 母集団と標本

標本調査において，調査の対象全体を **母集団**，母集団に属する要素の総数を **母集団の大きさ** という。また，調査のため母集団から抜き出された個体の集合を **標本** といい，母集団から標本を抜き出すことを **抽出** という。標本に属する個体の総数を **標本の大きさ** という。

3 無作為抽出

母集団の各個体を等しい確率で抽出する方法を **無作為抽出** といい，無作為抽出によって選ばれた標本を **無作為標本** という。無作為抽出では **乱数さい** や **乱数表** などが使われる。

4 復元抽出と非復元抽出

母集団から標本を抽出するのに，毎回もとにもどしながら1個ずつ選ぶことを **復元抽出**，一度選んだものをもとにもどさないで選ぶことを **非復元抽出** という。

5 母集団分布

大きさ N の母集団において，変量 x のとりうる異なる値を x_1, x_2, ……, x_r とし，それぞれの値をとる個体の個数を f_1, f_2, ……, f_r とする。

このとき，この母集団から1個の個体を無作為に抽出して，変量 x の値を X とするとき，X は確率変数であり，その確率分布は表のようになる。

X	x_1	x_2	……	x_r	計
P	$\dfrac{f_1}{N}$	$\dfrac{f_2}{N}$	……	$\dfrac{f_r}{N}$	1

$$(N=f_1+f_2+\cdots\cdots+f_r)$$

これは母集団における変量 x の相対度数分布表と一致する。この X の確率分布を **母集団分布** という。また，確率変数 X の期待値，標準偏差を，それぞれ **母平均，母標準偏差** といい，m, σ で表す。m, σ は，母集団における変量 x の平均値，標準偏差にそれぞれ一致する。

A 全数調査と標本調査, **B** 無作為抽出

教 p.90

練習 29 教科書 89 ページの無作為抽出の方法のいずれかを用いて，40 個の要素から大きさ 10 の無作為標本を，非復元抽出せよ。

指針 **非復元抽出** 同じ数字は選ばないことに注意する。

解答 乱数さい，乱数表，コンピュータなどを使って 1 以上 40 以下の数字を 10 個抽出する。ただし，同じ数字が抽出された場合はそれを省く。 答

参考 100 行以上ある乱数表とカードを使って抽出する方法を以下に示す。

① 40 個の個体に 1 から 40 までの番号をつけておく。

② 1～100 の数字を書いた 100 枚のカードから 1 枚を引いて，そのカードの番号によって乱数表の行を定める。同じように，1～20 の数字を書いた 20 枚のカードから 1 枚を引いて，そのカードの番号によって乱数表の列を定める。

③ ②で選んだ行と列の数の組から右に進んで数の組を選び出していく。このとき，00 や 41 以上の数の組や，重複する数の組を省き，全部で 10 個の数の組を選ぶ。

④ 選んだ 10 個の数の組と一致する番号の個体を抽出する。

たとえば，②で第 64 行目の 16 番目が選ばれたとすると，巻末の乱数表で，第 64 行目の 16 番目の数の組 68 から右に進み

⑱, ⑩, ⑧, 04, ⑥, 01, 31, ⑦, ☐04, ⑦, ④, 30, ☐01, ⑤,
14, ⑮, ⑤, 05, 25, ⑩, ⑦, ☐25, ⑤, ☐25, ⑧, 02, 37, ⑨,
⑮, ⑧, ⑨, ⑨, ⑭, ⑭, ⑧, ⑧, ☐31, 27, ……

を順に選び，00 や 41 以上の ○ の数の組や，重複する ☐ の数の組を省いて，初めの方から順に 10 個選ぶと

04, 01, 31, 30, 14, 05, 25, 02, 37, 27

となる。これらの番号の個体を抜き出し，無作為標本とする。

教 p.90

練習 30 次の方法は，無作為抽出としては不適切である。その理由を述べよ。学校内の生徒の通学時間について標本調査をするため，仲の良い友人 10 人を抽出した。

指針 **無作為抽出の原則** 標本は，かたよりなく公平に抽出されることが必要。

解答 仲の良い友人を標本とすると，学校内の生徒全体からかたよりなく公平に抽出しているとはいえないから。 答

補足 たとえば，仲の良い友人は，自分と自宅の場所が近いことも考えられ，通学時間についてかたよりなく抽出できないことが考えられる。

C 母集団分布

練習
31

右の表は，40枚の札に書かれた
数字とその枚数である。40枚を
母集団，札の数字を変量とする

数字	1	2	3	4	5	計
枚数	2	6	24	6	2	40

とき，母集団分布を求めよ。また，母平均，母標準偏差を求めよ。

指針 **母集団分布・母平均・母標準偏差** 40枚から1枚を無作為抽出したときの札
の数字を X として，X の確率分布，期待値，標準偏差を求める。

解答 与えられた度数分布表をもとにして相対度数分布表を作ると，母集団分布は
この相対度数分布表と一致し，表のようになる。 答

X	1	2	3	4	5	計
P	$\dfrac{2}{40}$	$\dfrac{6}{40}$	$\dfrac{24}{40}$	$\dfrac{6}{40}$	$\dfrac{2}{40}$	1

母平均 m は　　$m = 1 \cdot \dfrac{2}{40} + 2 \cdot \dfrac{6}{40} + 3 \cdot \dfrac{24}{40} + 4 \cdot \dfrac{6}{40} + 5 \cdot \dfrac{2}{40} = 3$

母標準偏差 σ について

$$\sigma^2 = (1-3)^2 \cdot \dfrac{2}{40} + (2-3)^2 \cdot \dfrac{6}{40} + (3-3)^2 \cdot \dfrac{24}{40} + (4-3)^2 \cdot \dfrac{6}{40} + (5-3)^2 \cdot \dfrac{2}{40} = \dfrac{7}{10}$$

よって　　$\sigma = \sqrt{\dfrac{7}{10}} = \dfrac{\sqrt{70}}{10}$

答　母平均 3，母標準偏差 $\dfrac{\sqrt{70}}{10}$

7 標本平均の分布

まとめ

1 標本平均

母集団から大きさ n の無作為標本を抽出し，それらの変量 x の値を
X_1, X_2, ……, X_n とするとき，その平均値 $\overline{X} = \dfrac{X_1 + X_2 + \cdots\cdots + X_n}{n}$ を **標本平均**
という。X_1, X_2, ……, X_n は確率変数であり，n を固定するとき，標本平均
$\overline{X}$ も1つの確率変数になる。

2 標本平均の期待値と標準偏差

母平均 m，母標準偏差 σ の母集団から大きさ n の無作為標本を抽出するとき，
その標本平均 $\overline{X}$ の期待値 $E(\overline{X})$ と標準偏差 $\sigma(\overline{X})$ は

$$E(\overline{X}) = m, \quad \sigma(\overline{X}) = \dfrac{\sigma}{\sqrt{n}}$$

3 標本平均の分布

母平均 m，母標準偏差 σ の母集団から大きさ n の無作為標本を抽出するとき，標本平均 $\overline{X}$ は，n が十分大きいとき，近似的に正規分布 $N\left(m, \dfrac{\sigma^2}{n}\right)$ に従うとみなすことができる。

注意 この標本平均 $\overline{X}$ に対して，$Z = \dfrac{\overline{X}-m}{\frac{\sigma}{\sqrt{n}}}$ は，n が十分大きいとき，近似的に標準正規分布 $N(0, 1)$ に従う。

4 母比率と標本比率

母集団の中である特性 A をもつものの割合を，その特性 A の **母比率** という。また，抽出された標本の中で特性 A をもつものの割合を **標本比率** という。

5 標本比率と正規分布

特性 A の母比率 p の母集団から抽出された大きさ n の無作為標本について，標本比率 R は，n が十分大きいとき，近似的に正規分布 $N\left(p, \dfrac{pq}{n}\right)$ に従うとみなすことができる。

6 大数の法則

母平均 m の母集団から大きさ n の無作為標本を抽出するとき，n が大きくなるに従って，その標本平均 $\overline{X}$ はほとんど確実に母平均 m に近づく。

A 標本平均の期待値と標準偏差

練習 32 教 p.93

標本の大きさ n を大きくしたとき，標本平均の標準偏差 $\sigma(\overline{X})$ はどのようになるか。また，このことから，n を大きくしたとき，標本平均の散らばりの度合いはどのようになるといえるか。

解答 母標準偏差を σ とするとき，標本平均の標準偏差 $\sigma(\overline{X})$ は

$$\sigma(\overline{X}) = \frac{\sigma}{\sqrt{n}} \quad \text{答}$$

よって，標本の大きさ n を大きくしたとき，標準偏差 $\sigma(\overline{X})$ は小さくなる。すなわち，**標本平均の散らばりの度合いも小さくなり，母平均 m に近い値をとりやすくなる。** 答

練習 33 教 p.94

母平均 170，母標準偏差 8 の十分大きい母集団から，大きさ 16 の標本を抽出するとき，その標本平均 $\overline{X}$ の期待値と標準偏差を求めよ。

指針 **標本平均の期待値と標準偏差** 母平均 m，母標準偏差 σ の母集団から抽出した大きさ n の無作為標本において，その標本平均 $\overline{X}$ の期待値，標準偏差は

$$E(\overline{X})=m, \ \sigma(\overline{X})=\frac{\sigma}{\sqrt{n}}$$

解答 $\overline{X}$ の期待値は $\quad E(\overline{X})=170$

$\overline{X}$ の標準偏差は $\quad \sigma(\overline{X})=\dfrac{8}{\sqrt{16}}=2$

答 **期待値 170，標準偏差 2**

B 標本平均の分布と正規分布

教 p.95

【?】 標本の大きさを 100 より大きくするとき，標本平均 $\overline{X}$ が 54 より大きい値をとる確率は，0.0228 と比べてどのようになるだろうか。

解答 $n>100$ のとき，標本平均 $\overline{X}$ の標準偏差 $\dfrac{\sigma}{\sqrt{n}}$ は $\quad \dfrac{\sigma}{\sqrt{n}}<\dfrac{20}{\sqrt{100}}=2$

ゆえに，$\overline{X}$ の標準偏差が小さくなり，標準化の式を考えれば $\overline{X}>54$ に対応する $Z>a$ について，a は 2 より大きくなる。

よって，$p(2)<p(a)$ から $\quad 0.5-p(2)>0.5-p(a)$

すなわち，**0.0228 より小さくなる。** 答

練習 34

教 p.95

母平均 100，母標準偏差 50 の母集団から，大きさ 400 の無作為標本を抽出するとき，その標本平均 $\overline{X}$ が 96 以上 104 以下の値をとる確率を求めよ。

指針 **標本平均の分布** $\overline{X}$ は近似的に正規分布に従う。近似的に標準正規分布に従う確率変数 Z に直して考える。

解答 標本の大きさは $n=400$，母標準偏差は $\sigma=50$ であるから，標本平均 $\overline{X}$ の標準偏差は $\quad \dfrac{\sigma}{\sqrt{n}}=\dfrac{50}{20}=\dfrac{5}{2}$

また，母平均は $m=100$ であるから，$\overline{X}$ は近似的に正規分布 $N\left(100, \left(\dfrac{5}{2}\right)^2\right)$ に従う。

よって，$Z=\dfrac{\overline{X}-100}{\dfrac{5}{2}}=\dfrac{2}{5}(\overline{X}-100)$ は近似的に標準正規分布 $N(0, 1)$ に従う。

$\overline{X}=96$ のとき $Z=-1.6$，$\overline{X}=104$ のとき $Z=1.6$ であるから，求める確率は

$$P(96\leqq \overline{X}\leqq 104)=P(-1.6\leqq Z\leqq 1.6)=2P(0\leqq Z\leqq 1.6)$$
$$=2p(1.6)=2\times 0.4452=\textbf{0.8904} \quad 答$$

C 標本比率と正規分布

> **練習 35**
>
> 不良品が全体の 10% 含まれる大量の製品の山から大きさ 100 の無作為標本を抽出するとき，不良品の標本比率を R とする。
> (1) R は近似的にどのような正規分布に従うとみなすことができるか。
> (2) $0.07 \leqq R \leqq 0.13$ となる確率を求めよ。

指針 **標本比率と正規分布**

(2) 母比率を p，$\sigma = \sqrt{\dfrac{p(1-p)}{n}}$ とすると，$Z = \dfrac{R-p}{\sigma}$ は，標準正規分布 $N(0, 1)$ に従う。(1) の結果を利用。

解答 (1) 母比率 0.1 の母集団から，大きさ 100 の無作為標本を抽出するから，標本比率 R は近似的に正規分布 $N\left(0.1, \dfrac{0.1 \times 0.9}{100}\right)$，すなわち

$N(0.1, 0.03^2)$ **に従うとみなすことができる。** 答

(2) (1) から，$Z = \dfrac{R-0.1}{0.03}$ は近似的に標準正規分布 $N(0, 1)$ に従う。

$R=0.07$ のとき $Z=-1$，$R=0.13$ のとき $Z=1$ であるから，求める確率は
$$P(0.07 \leqq R \leqq 0.13) = P(-1 \leqq Z \leqq 1) = 2P(0 \leqq Z \leqq 1)$$
$$= 2p(1) = 2 \times 0.3413 = \mathbf{0.6826} \quad 答$$

D 大数の法則

> **練習 36**
>
> 1 枚の硬貨を n 回投げるとき，表の出る相対度数を R とする。
> 次の各場合について，確率 $P\left(\left|R - \dfrac{1}{2}\right| \leqq 0.05\right)$ の値を求めよ。
> また，その結果からわかることを述べよ。
> (1) $n=100$　　　(2) $n=400$　　　(3) $n=900$

指針 **大数の法則**　1 枚の硬貨を 1 回投げたときの事象の集合を母集団としたとき，R は大きさ n の無作為標本の標本平均と考えられる。

解答 1 枚の硬貨を 1 回投げるという試行の結果を母集団とする。

1 枚の硬貨を n 回投げるということは，この母集団から大きさ n の無作為標本を抽出することを表している。

母集団について，表が出るという特性の母比率を p とすると　$p = \dfrac{1}{2}$

大きさ n の無作為標本の個体のうち，表が出るという特性をもつものの個数

をSとすると，Sは二項分布$B(n, p)$に従う。

よって　　$E(S)=np=\dfrac{n}{2}$

$$V(S)=npq=n\cdot\dfrac{1}{2}\cdot\dfrac{1}{2}=\dfrac{n}{4}$$

表の出る相対度数Rは$R=\dfrac{S}{n}$で与えられるから

$$E(R)=\dfrac{1}{n}E(S)=\dfrac{1}{n}\cdot\dfrac{n}{2}=\dfrac{1}{2}$$

$$V(R)=\dfrac{1}{n^2}V(S)=\dfrac{1}{n^2}\cdot\dfrac{n}{4}=\dfrac{1}{4n}$$

nが十分大きいとき，Rは近似的に正規分布$N\left(\dfrac{1}{2}, \dfrac{1}{4n}\right)$に従うから，

$Z=\dfrac{R-\dfrac{1}{2}}{\sqrt{\dfrac{1}{4n}}}$は近似的に標準正規分布$N(0, 1)$に従う。

$R-\dfrac{1}{2}=\dfrac{Z}{\sqrt{4n}}$であるから，$\left|R-\dfrac{1}{2}\right|\leqq0.05$のとき　　$\dfrac{|Z|}{\sqrt{4n}}\leqq0.05$

(1)　$P\left(\left|R-\dfrac{1}{2}\right|\leqq0.05\right)=P\left(\dfrac{|Z|}{\sqrt{4\cdot100}}\leqq0.05\right)=P(|Z|\leqq1)$

$\qquad\qquad=P(-1\leqq Z\leqq1)=2P(0\leqq Z\leqq1)$

$\qquad\qquad=2p(1)=2\cdot0.3413=\mathbf{0.6826}$　答

(2)　$P\left(\left|R-\dfrac{1}{2}\right|\leqq0.05\right)=P\left(\dfrac{|Z|}{\sqrt{4\cdot400}}\leqq0.05\right)=P(|Z|\leqq2)$

$\qquad\qquad=P(-2\leqq Z\leqq2)=2P(0\leqq Z\leqq2)$

$\qquad\qquad=2p(2)=2\cdot0.4772=\mathbf{0.9544}$　答

(3)　$P\left(\left|R-\dfrac{1}{2}\right|\leqq0.05\right)=P\left(\dfrac{|Z|}{\sqrt{4\cdot900}}\leqq0.05\right)=P(|Z|\leqq3)$

$\qquad\qquad=2p(3)=2\cdot0.49865=\mathbf{0.9973}$　答

また，(1)〜(3)の結果から，nが大きくなるにつれて，相対度数Rが母平均$\dfrac{1}{2}$に近い値をとる確率が1に近づいていくことがわかる。　答

8 推定

まとめ

1　母平均の推定

母標準偏差をσとする。標本の大きさnが十分大きいとき，母平均mに対す

る 信頼度 95% の 信頼区間 は，標本平均を $\overline{X}$ とすると

$$\left[\overline{X} - 1.96 \cdot \frac{\sigma}{\sqrt{n}}, \ \ \overline{X} + 1.96 \cdot \frac{\sigma}{\sqrt{n}} \right]$$

注意　母平均 m に対して信頼度 95% の信頼区間を求めることを「母平均 m を信頼度 95% で 推定する」ということがある。

2　母平均の推定（母標準偏差がわからないとき）

母平均の推定において，母標準偏差がわからない場合，標本の大きさ n が十分大きいときは，母標準偏差 σ の代わりに標本の標準偏差 S を用いても差し支えない。

3　母比率の推定

標本の大きさ n が十分大きいとき，標本比率を R とすると，母比率 p に対する信頼度 95% の信頼区間は

$$\left[R - 1.96 \sqrt{\frac{R(1-R)}{n}}, \ \ R + 1.96 \sqrt{\frac{R(1-R)}{n}} \right]$$

A　母平均の推定

教 p.100

【?】　標本の大きさを 400 より大きくするとき，信頼区間の幅はどのようになるだろうか。

解答　標本の大きさ n が 400 より大きいとき　$1.96 \cdot \dfrac{S}{\sqrt{n}} < 1.96 \cdot \dfrac{2.0}{\sqrt{400}} \fallingdotseq 0.2$

よって，信頼区間の幅は，[98.8−0.2　98.2+0.2] より小さくなる。　答

教 p.101

練習
37

大量に生産されたある製品の中から，100 個を無作為抽出して長さを測ったところ，平均値 103.4 cm，標準偏差 1.5 cm であった。この製品の長さの平均値を，信頼度 95% で推定せよ。ただし，小数第 2 位を四捨五入して小数第 1 位まで求めよ。

指針　**母平均の推定**　標本平均を $\overline{X}$，標本の標準偏差を S，標本の大きさを n とすると，母平均 m に対する信頼度 95% の信頼区間は

$$\left[\overline{X} - 1.96 \cdot \frac{S}{\sqrt{n}}, \ \ \overline{X} + 1.96 \cdot \frac{S}{\sqrt{n}} \right]$$

また，標本をとるとき，得られる平均値は $\overline{X}$ の変数ではなく，実際に得られる値である。そのため，練習 37，38 の解答では小文字の $\overline{x}$ を用いている。

解答　標本の平均値は $\overline{x} = 103.4$，標本の標準偏差は $S = 1.5$，標本の大きさは $n = 100$

であるから

$$1.96 \cdot \frac{S}{\sqrt{n}} = 1.96 \cdot \frac{1.5}{\sqrt{100}} \fallingdotseq 0.3$$

よって，母平均 m に対する信頼度 95％の信頼区間は

$$[103.4 - 0.3,\ 103.4 + 0.3]$$

すなわち　　[103.1，103.7]　ただし，単位は cm　答

練習 38

標準正規分布 $N(0,\ 1)$ に従う確率変数 Z について，$P(|Z| \leqq 2.58) \fallingdotseq 0.99$ が成り立つ。よって，教科書 99 ページと同様に考えることにより，母平均 m に対する信頼度 99％の信頼区間は

$$\left[\overline{X} - 2.58 \cdot \frac{\sigma}{\sqrt{n}},\ \overline{X} + 2.58 \cdot \frac{\sigma}{\sqrt{n}} \right]$$

となる。このことを利用して，練習 37 の製品の長さの平均値を，信頼度 99％で推定せよ。ただし，小数第 2 位を四捨五入して小数第 1 位まで求めよ。また，信頼区間の幅について，練習 37 で求めた信頼区間の幅と比べてどのようなことがいえるか。

解答　標本の平均値は $\overline{x} = 103.4$，標本の標準偏差は $S = 1.5$，標本の大きさは $n = 100$

であるから　　$2.58 \cdot \dfrac{S}{\sqrt{n}} = 2.58 \cdot \dfrac{1.5}{\sqrt{100}} = 0.387 \fallingdotseq 0.4$

よって，母平均 m に対する信頼度 99％の信頼区間は

$$[103.4 - 0.4,\ 103.4 + 0.4]$$

すなわち　　[103.0，103.8]　ただし，単位は cm　答

また，信頼区間の幅は　　$103.8 - 103.0 = 0.8$

練習 37 で求めた信頼区間 [103.1，103.7] の幅は　　$103.7 - 103.1 = 0.6$

したがって，信頼区間の幅について，練習 37 で求めた信頼区間の幅よりも**大きくなった。**答

B 母比率の推定

【?】

信頼区間の幅を教科書例題 4 で求めたものよりも小さくするには，どのような調査をすればよいだろうか。

解答　A 政党の支持者の割合，すなわち標本比率 R が，標本の大きさに関係せず一定であると仮定するならば，標本の大きさ n を大きくすると $1.96\sqrt{\dfrac{R(1-R)}{n}}$ は小さくなるから，信頼区間の幅は小さくなる。

よって，R が一定であるという条件のもとで，標本の大きさを大きくすればよい。 答

練習 39　教 p.102

大量に生産されたある製品の中から無作為抽出した 2400 個について検査したところ 96 個が不良品であった。不良品の母比率 p を信頼度 95％で推定せよ。ただし，小数第 4 位を四捨五入して小数第 3 位まで求めよ。

指針　**母比率の推定**　標本比率 R のとき，母比率 p に対する信頼度 95％の信頼区間は

$$\left[\, R-1.96\sqrt{\frac{R(1-R)}{n}}, \ \ R+1.96\sqrt{\frac{R(1-R)}{n}} \,\right]$$

解答　標本比率 R は　　$R=\dfrac{96}{2400}=0.04$

標本の大きさは $n=2400$ であるから

$$1.96\sqrt{\frac{R(1-R)}{n}}=1.96\sqrt{\frac{0.04\times0.96}{2400}}=1.96\times0.004\fallingdotseq0.008$$

よって，母比率 p に対する信頼度 95％の信頼区間は

$$[0.04-0.008, \ 0.04+0.008]$$

すなわち　　$[0.032, \ 0.048]$　答

---

⑨ 仮説検定

まとめ

1　仮説と仮説検定

一般に，母集団に関して考えた仮定を **仮説** といい，標本から得られた結果によって，仮説が正しいかどうかを判断する手法を **仮説検定** という。また，仮説が正しくないと判断して，その仮説を採用しないことを，仮説を **棄却する** という。

2　有意水準

仮説検定では，基準となる確率をあらかじめ決めておき，それより確率が小さい事象が起こると仮説を棄却する。この基準となる確率を **有意水準**（または **危険率**）という。有意水準は，0.05（5％）や 0.01（1％）とすることが多い。なお，有意水準 α で仮説検定を行うことを，「有意水準 α で **検定** する」ということがある。

また，一般に，有意水準 α に対して，仮説が棄却されるような確率変数の値

の範囲が定まる。この範囲を，有意水準 α の **棄却域** という。

3 片側検定，両側検定

棄却域を片側だけにとる検定を **片側検定**，棄却域を両側にとる検定を **両側検定** という。たとえば，「〜の方がよいか（あるいは悪いか），〜の方が大きいか（あるいは小さいか）」などを検定する場合は片側検定，「〜と〜について，差があるか，〜と〜について違いがあるか」などを検定する場合は両側検定を行う。

A 仮説検定

教 p.105

練習 40

ある製菓会社が，従来のケーキ A のレシピを改良し，新作のケーキ B を開発した。400 人のモニターに 2 つのケーキを試食してもらったところ，215 人が B の方がおいしいと回答した。このとき，ケーキ B の方がおいしいと評価されると判断してよいか，教科書 104 ページの方法にならって，有意水準 5% で検定せよ。

指針 仮説検定 「A，B どちらの回答の起こる確率も 0.5 である」という仮説を立ててこの仮説のもとで，400 人中 B と回答する人数 X が 215 以上である確率と有意水準 5%，すなわち 0.05 を比べる。なお，有意水準に入らなかった場合，仮説は棄却されないが，その場合「ケーキ B の方がおいしいと評価されない」と結論してはいけない。「〜と評価されると判断できない」と答える。

解答 「A，B どちらの回答の起こる確率も 0.5 である」という仮説を立てる。

この仮説のもとでは，400 人中 B と回答する人数 X は，二項分布 $B(400, 0.5)$ に従う確率変数となる。

確率変数 X の期待値 m と標準偏差 σ は

$$m = 400 \times 0.5 = 200, \qquad \sigma = \sqrt{400 \times 0.5 \times (1-0.5)} = 10$$

であり，X は近似的に正規分布 $N(200, 10^2)$ に従う。

ゆえに，$Z = \dfrac{X-200}{10}$ は近似的に標準正規分布 $N(0, 1)$ に従う。

$X = 215$ のとき $Z = 1.5$ であるから，X が 215 以上である確率は

$$P(X \geq 215) = P(Z \geq 1.5) = 0.5 - p(1.5) = 0.5 - 0.4332 = 0.0668$$

よって，この仮説のもとでは，X が 215 以上である確率は 0.0668 であり，これは有意水準 5% より大きい。

したがって，この仮説は棄却できない。すなわち

ケーキ B の方がおいしいと評価されると判断できない。 答

[補足] この検定は **片側検定** である。

B 仮説検定と棄却域

練習 41
ある硬貨を 400 回投げたところ，表が 184 回出た。この硬貨は，表と裏の出やすさにかたよりがあると判断してよいか，有意水準 5% で検定せよ。

指針 **両側検定** 「表と裏の出やすさにかたよりはない」すなわち，「硬貨を 1 枚投げて表の出る確率を p とするとき $p=0.5$ である」という仮説を立てる。400 回中表の出る回数 X は，二項分布 $B(400, 0.5)$ に従い，$Z=\dfrac{X-200}{10}$ は近似的に標準正規分布 $N(0, 1)$ に従うことを利用する。

解答 この硬貨を 1 枚投げて表の出る確率を p とすると，表と裏の出やすさにかたよりがあるならば，$p \neq 0.5$ である。

ここで，「表と裏の出やすさにかたよりはない，すなわち $p=0.5$ である」という仮説を立てる。

仮説が正しいとすると，400 回中表の出る回数 X は，二項分布 $B(400, 0.5)$ に従う。

X の期待値 m と標準偏差 σ は

$$m=400 \times 0.5 = 200, \qquad \sigma=\sqrt{400 \times 0.5 \times (1-0.5)} = 10$$

であり，X は近似的に正規分布 $N(200, 10^2)$ に従う。

よって，$Z=\dfrac{X-200}{10}$ は近似的に標準正規分布 $N(0, 1)$ に従う。

正規分布表より，$P(-1.96 \leq Z \leq 1.96) = 0.95$ であるから，有意水準 5% の棄却域は $\quad Z \leq -1.96, \ 1.96 \leq Z$

$X=184$ のとき $Z=\dfrac{184-200}{10}=-1.6$ であり，これは棄却域に入らないから，仮説は棄却できない。

したがって，**この結果からはこの硬貨の表と裏の出やすさにかたよりがあると判断できない。** 答

【?】
教科書例題 5 では，片側検定を行っている。片側検定を行うのはどのようなときだろうか。

解答 検定する内容が，プラスの内容かマイナスの内容かのどちらか一方，たとえば高いのかあるいは低いのか，長いのかあるいは短いのか，多いのかあるいは少ないのかなどの場合。 終

練習 42

ある種子の発芽率は，従来 60% であったが，それを発芽しやすいように品種改良した新しい種子から無作為に 150 個抽出して種をまいたところ，101 個が発芽した。品種改良によって発芽率が上がったと判断してよいか，有意水準 5% で検定せよ。

指針 **片側検定** 練習 40 と同様，片側検定の問題である。仮説は，「新しい種子の発芽率を p とすると，$p \geqq 0.6$ であることを前提として，$p=0.6$ である」とする。手順は，練習 41 とほぼ同じで，棄却域が片方であることに注意する。

解答 新しい種子の発芽率を p とすると，発芽率が上がったならば，$p > 0.6$ である。
ここで，「$p \geqq 0.6$ であることを前提として，$p = 0.6$ である」という仮説を立てる。
この仮説が正しいとすると，まいた種 150 個中の発芽した数 X は，二項分布 $B(150, 0.6)$ に従う。
X の期待値 m と標準偏差 σ は
$$m = 150 \times 0.6 = 90, \qquad \sigma = \sqrt{150 \times 0.6 \times (1 - 0.6)} = 6$$
であり，X は近似的に正規分布 $N(90, 6^2)$ に従う。

よって，$Z = \dfrac{X - 90}{6}$ は近似的に標準正規分布 $N(0, 1)$ に従う。

正規分布表より $P(Z \leqq 1.64) \fallingdotseq 0.5 + 0.45 = 0.95$ であるから，有意水準 5% の棄却域は $\quad Z \geqq 1.64$

$X = 101$ のとき $Z = \dfrac{101 - 90}{6} \fallingdotseq 1.83$ であり，これは棄却域に入るから，仮説は棄却できる。

したがって，**発芽率が上がったと判断してよい。** 答

第2章 第2節　　問　題

教 p.109

7 ある県の高校2年生の男子を母集団とするとき，その身長の分布は平均170 cm，標準偏差4 cmの正規分布で近似された。この母集団から無作為に64人を抽出するとき，その64人の身長の平均が169 cm以上171 cm以下の範囲にある確率を求めよ。

指針 **標本平均の分布** 母平均 m，母標準偏差 σ の母集団から抽出された大きさ n の無作為標本について，その標本平均 $\overline{X}$ は，n が十分大きいとき，近似的に正規分布 $N\!\left(m,\ \dfrac{\sigma^2}{n}\right)$ に従うとみなすことができる。

解答 母平均は $m=170$，母標準偏差は $\sigma=4$，無作為標本の大きさは $n=64$ である。64人の身長の平均，すなわち標本平均 $\overline{X}$ は近似的に正規分布 $N\!\left(170,\ \dfrac{4^2}{64}\right)$ に従うから，$Z=\dfrac{\overline{X}-m}{\dfrac{\sigma}{\sqrt{n}}}=\dfrac{\overline{X}-170}{\dfrac{4}{\sqrt{64}}}$，すなわち $Z=2(\overline{X}-170)$ は近似的に標準正規分布 $N(0,\ 1)$ に従う。

$\overline{X}=169$ のとき　　$Z=2(169-170)=-2$

$\overline{X}=171$ のとき　　$Z=2(171-170)=2$

よって　　$P(169\leqq\overline{X}\leqq171)=P(-2\leqq Z\leqq2)$

$$=P(-2\leqq Z\leqq0)+P(0\leqq Z\leqq2)=2P(0\leqq Z\leqq2)$$

$$=2p(2)=2\cdot0.4772=\boldsymbol{0.9544}　\boxed{答}$$

教 p.109

8 ある工場で生産されている製品Aから100個の無作為標本を抽出して耐久時間を調べたら，平均値は1470時間，標準偏差は200時間であった。この工場で生産される製品Aの平均耐久時間 m を，信頼度95%で推定せよ。ただし，小数第1位を四捨五入して整数で求めよ。

指針 **母平均の推定** 標本平均を $\overline{X}$，標本の標準偏差を S，標本の大きさを n とすると，母平均 m を信頼度95%で推定すると，信頼区間は

$$\left[\overline{X}-1.96\cdot\dfrac{S}{\sqrt{n}},\ \overline{X}+1.96\cdot\dfrac{S}{\sqrt{n}}\right]$$

解答 標本の平均値は $\overline{X}=1470$，標本の標準偏差は $S=200$，標本の大きさは $n=100$ であるから

$$1.96 \cdot \frac{S}{\sqrt{n}} = 1.96 \cdot \frac{200}{\sqrt{100}} = 39.2$$

よって，求める信頼区間は

[1430.8, 1509.2]

すなわち 　[1431, 1509] 　ただし，**単位は時間** 答

9 好きなラーメンについて 625 人に調査したところ，塩ラーメンが最も
好きだと答えたのは 125 人であった。塩ラーメンが最も好きな人の割
合 p を信頼度 95％で推定せよ。ただし，小数第 4 位を四捨五入して，
小数第 3 位まで求めよ。

指針 **母比率の推定** 　標本比率 R は 　$R = \frac{125}{625} = 0.2$ 　塩ラーメンが最も好きな人の

割合 p は母比率で，母比率 p に対する信頼度 95％の信頼区間は

$$\left[R - 1.96\sqrt{\frac{R(1-R)}{n}}, \ R + 1.96\sqrt{\frac{R(1-R)}{n}} \right]$$

解答 　標本比率 R は 　$R = \frac{125}{625} = 0.2$

標本の大きさは $n = 625$ であるから

$$1.96\sqrt{\frac{R(1-R)}{n}} = 1.96\sqrt{\frac{0.2 \times 0.8}{625}} = 1.96 \times 0.016 \fallingdotseq 0.031$$

よって，割合 p に対する信頼度 95％の信頼区間は

[0.2 − 0.031, 0.2 + 0.031]

すなわち 　[0.169, 0.231] 答

10 プロ野球の A，B 両チームの年間の対戦成績は，A の 18 勝 7 敗であっ
た。両チームの力に差があるといえるか。両チームの力に差がないとき，
A が勝つ確率は 0.5 であるとして，有意水準 5％で検定せよ。

指針 **両側検定** 　A が勝つ確率を p として，「両チームの力に差がない，すなわち
$p = 0.5$ である」という仮説を立てて，両側検定を行う。

解答 　A が勝つ確率を p とすると，両チームの力に差があるならば，$p \neq 0.5$ である。
ここで，「両チームの力に差がない，すなわち $p = 0.5$ である」という仮説を
立てる。仮説が正しいとすると，25 試合中 A が勝つ試合数 X は，二項分布
$B(25, 0.5)$ に従う。

X の期待値 m と標準偏差 σ は

$$m = 25 \times 0.5 = 12.5, \qquad \sigma = \sqrt{25 \times 0.5 \times (1 - 0.5)} = 2.5$$

であり，X は近似的に正規分布 $N(12.5, 2.5^2)$ に従う。

よって，$Z=\dfrac{X-12.5}{2.5}$ は近似的に標準正規分布 $N(0, 1)$ に従う。

正規分布表より，$P(-1.96 \leqq Z \leqq 1.96)=0.95$ であるから，有意水準 5% の棄却域は　　$Z \leqq -1.96,\ 1.96 \leqq Z$

$X=18$ のとき $Z=\dfrac{18-12.5}{2.5}=2.2$ であり，これは棄却域に入るから，仮説は棄却できる。

したがって，**両チームの力に差があるといえる。** 圏

圐 p.109

11 ある政党を支持する人の割合はおよそ 0.4 であると予想されている。この割合について，信頼度 95% で推定することを考える。

(1) 600 人を無作為に抽出して調べるとき，信頼区間の幅を求めよ。

(2) この政党を支持する人の割合を，信頼区間の幅が 0.04 以下となるように推定したい。何人以上を抽出して調べればよいか求めよ。

指針 **信頼区間の幅と抽出数の決定**

(2) (1)で求めた信頼区間の幅から，標本の大きさ n についての不等式を立て，それを解く。

信頼区間が $[A, B]$ であるとき，信頼区間の幅とは $B-A$ のことである。

解答 標本の大きさが n であるとき，信頼度 95% の信頼区間の幅は

$$2 \times 1.96 \sqrt{\dfrac{0.4(1-0.4)}{n}}$$

(1) 標本の大きさが $n=600$ であるとき，信頼度 95% の信頼区間の幅は

$$2 \times 1.96 \sqrt{\dfrac{0.4(1-0.4)}{600}} = 2 \times 1.96 \times 0.02 = \mathbf{0.0784} \quad 圏$$

(2) $2 \times 1.96 \sqrt{\dfrac{0.4(1-0.4)}{n}} \leqq 0.04$ となる自然数 n の値の範囲を求める。

$$\sqrt{\dfrac{0.4 \times 0.6}{n}} \leqq \dfrac{0.04}{2 \times 1.96} \text{ から } \quad \dfrac{0.4 \times 0.6}{n} \leqq \left(\dfrac{0.04}{2 \times 1.96}\right)^2$$

すなわち　　$0.4 \times 0.6 \div \left(\dfrac{0.04}{2 \times 1.96}\right)^2 \leqq n$

これを解いて　　$2304.96 \leqq n$

よって，**2305 人以上を抽出すればよい。** 圏

第2章　章末問題 A

1. 袋の中に3個の白玉と5個の黒玉が入っている。この袋から4個の玉を同時に取り出すとき，その中に含まれる白玉の個数をXとする。また，この袋から玉を1個取り出してはもとにもどすことを4回繰り返すとき，白玉の出る回数をYとする。このとき，次のものを求めよ。

   (1) Xの確率分布，期待値，分散　　(2) Yの期待値，分散

指針 **期待値，分散と二項分布**

   (1) 白玉は3個であるから，Xのとりうる値は0~3である。組合せの総数 $_nC_r$ を用いてそれぞれの確率を求め，確率分布を調べて期待値と分散を計算する。

   (2) Yは反復試行の確率変数であるから，二項分布 $B(n, p)$ に従う。
   よって　　$E(Y)=np$, $V(Y)=np(1-p)$

解答 (1) Xのとりうる値は　　0, 1, 2, 3

   $X=r$ となる確率は

$$P(X=r)=\frac{_3C_r \times {_5}C_{4-r}}{_8C_4} \quad (r=0, 1, 2, 3)$$

   Xの確率分布は表のようになる。　　答

X	0	1	2	3	計
P	$\frac{1}{14}$	$\frac{6}{14}$	$\frac{6}{14}$	$\frac{1}{14}$	1

   Xの**期待値**は

$$E(X)=0\cdot\frac{1}{14}+1\cdot\frac{6}{14}+2\cdot\frac{6}{14}+3\cdot\frac{1}{14}=\frac{3}{2} \quad 答$$

   Xの**分散**は

$$V(X)=E(X^2)-\{E(X)\}^2$$
$$=0^2\cdot\frac{1}{14}+1^2\cdot\frac{6}{14}+2^2\cdot\frac{6}{14}+3^2\cdot\frac{1}{14}-\left(\frac{3}{2}\right)^2=\frac{15}{28} \quad 答$$

   (2) 玉を1個取り出したときに白玉の出る確率は $\frac{3}{8}$ であるから，Yは二項分布 $B\left(4, \frac{3}{8}\right)$ に従う。

   Yの**期待値**は　　$E(Y)=4\cdot\frac{3}{8}=\frac{3}{2}$　答

   Yの**分散**は　　$V(Y)=4\cdot\frac{3}{8}\cdot\left(1-\frac{3}{8}\right)=\frac{15}{16}$　答

教 p.110

2. 1個のさいころを投げ，出た目が X のとき $100X$ 円もらえるゲームがある。ゲームの参加料は 300 円である。このゲームを 1 回行うときの利益を Y 円とするとき，次の問いに答えよ。
  (1) Y を X で表せ。　　　　　(2) Y の期待値を求めよ。

指針 **ゲームの期待値**
  (1) （利益）＝（賞金）－（参加料）
  (2) X の期待値を求め，$E(aX+b)=aE(X)+b$ の関係を利用する。

解答 (1) 出た目が X のとき，賞金は $100X$ 円で，参加料として 300 円払っているから，利益 Y 円に対して　　$Y=100X-300$ 　答
  (2) X の確率分布は表のようになる。

X	1	2	3	4	5	6	計
P	$\frac{1}{6}$	$\frac{1}{6}$	$\frac{1}{6}$	$\frac{1}{6}$	$\frac{1}{6}$	$\frac{1}{6}$	1

  よって，X の期待値は

$$E(X)=1\cdot\frac{1}{6}+2\cdot\frac{1}{6}+3\cdot\frac{1}{6}+4\cdot\frac{1}{6}+5\cdot\frac{1}{6}+6\cdot\frac{1}{6}=\frac{7}{2}$$

  したがって，Y の期待値は

$$E(Y)=E(100X-300)=100E(X)-300=100\cdot\frac{7}{2}-300=50 \quad 答$$

教 p.110

3. 正規分布 $N(m, \sigma^2)$ に従う確率変数 X に対して，確率 $P(|X-m|>k\sigma)$ が次の値になるように，定数 k の値を定めよ。
  (1) 0.006　　　　　　　(2) 0.242

指針 **正規分布と確率**　X を標準正規分布 $N(0, 1)$ に従う確率変数 Z に変換して，正規分布表を用いて調べる。

解答 X は正規分布 $N(m, \sigma^2)$ に従うから，$Z=\dfrac{X-m}{\sigma}$ は標準正規分布 $N(0, 1)$ に従う。
  $X-m=\sigma Z$ より，$|X-m|>k\sigma$ のとき　　$|\sigma Z|>k\sigma$
  すなわち　　$|Z|>k$
  よって　　$P(|X-m|>k\sigma)=P(|Z|>k)$
  ここで，$k\leqq0$ とすると $P(|Z|>k)=1$ となるから　　$k>0$
  したがって　　$P(|Z|>k)=1-P(|Z|\leqq k)$
  　　　　　　　$=1-2P(0\leqq Z\leqq k)=1-2p(k)$

(1)　$1-2p(k)=0.006$ から　　$p(k)=0.497$

正規分布表から　　$k \fallingdotseq 2.75$　答

(2)　$1-2p(k)=0.242$ から　　$p(k)=0.379$

正規分布表から　　$k \fallingdotseq 1.17$　答

教 p.110

4. 1000 人の生徒に数学の試験を実施したところ，その成績の分布は平均点 62 点，標準偏差 8 点の正規分布で近似された。

(1) 70 点以上の生徒はおよそ何％いると考えられるか。ただし，小数第 2 位を四捨五入して小数第 1 位まで求めよ。

(2) 上位 100 番までの生徒の得点は何点以上と考えられるか。ただし，小数第 1 位を切り捨てて整数で答えよ。

指針 **得点と正規分布**　得点を X 点とすると，X は近似的に正規分布に従う。X を近似的に標準正規分布 $N(0,\ 1)$ に従う変数 Z に変換して調べる。

解答 得点を X 点とし，$Z=\dfrac{X-62}{8}$ とおくと，Z は近似的に標準正規分布 $N(0,\ 1)$ に従う。

(1)　$X=70$ のとき　　$Z=\dfrac{70-62}{8}=1$

よって　　$P(X \geqq 70)=P(Z \geqq 1)=0.5-P(0 \leqq Z \leqq 1)$

　　　　　　　　　　　　　$=0.5-p(1)=0.5-0.3413=0.1587$

したがって，70 点以上の生徒はおよそ **15.9%** いると考えられる。　答

(2)　$P(Z \geqq u)=\dfrac{100}{1000}=0.1$ となる u の値を求める。

　　　　　　　$P(Z \geqq u)=0.5-P(0 \leqq Z \leqq u)=0.5-p(u)$

$0.5-p(u)=0.1$ から　　$p(u)=0.4$

正規分布表から　　　　$u \fallingdotseq 1.28$

$\dfrac{X-62}{8}=1.28$ から　　$X=72.24$

よって，上位 100 番までの生徒の得点は **72 点以上** と考えられる。　答

参考 1000 人中の 100 番であることを考えると，$u>0$ であり，

$P(Z \geqq u)=0.5-P(0 \leqq Z \leqq u)$ が成り立つ。

5. 当たる確率が $\dfrac{1}{4}$ と表示されているくじを 300 回引いたところ，当たりが 58 回しか出なかった。当たる確率は表示通りでないと判断してよいか，有意水準 1% で検定せよ。

指針 **両側検定** 有意水準 1% の検定であるから，$P(-\alpha \leqq Z \leqq \alpha) \fallingdotseq 0.99$ となる α に着目する。

解答 くじが当たる確率を p とすると，当たる確率が表示通りでないならば，$p \neq 0.25$ である。ここで，「当たる確率が表示通りである，すなわち $p = 0.25$ である」という仮説を立てる。仮説が正しいとすると，300 回中当たる回数 X は，二項分布 $B(300, 0.25)$ に従う。

X の期待値 m と標準偏差 σ は

$$m = 300 \times 0.25 = 75$$
$$\sigma = \sqrt{300 \times 0.25 \times (1 - 0.25)} = 7.5$$

であり，X は近似的に正規分布 $N(75, 7.5^2)$ に従う。

よって，$Z = \dfrac{X - 75}{7.5}$ は近似的に標準正規分布 $N(0, 1)$ に従う。

正規分布表より，$P(-2.58 \leqq Z \leqq 2.58) \fallingdotseq 0.99$ であるから，有意水準 1% の棄却域は　　$Z \leqq -2.58,\ 2.58 \leqq Z$

$X = 58$ のとき $Z = \dfrac{58 - 75}{7.5} \fallingdotseq -2.27$ であり，これは棄却域に入らないから，仮説は棄却できない。

したがって，この結果から**当たる確率が表示通りでないと判断できない**。　答

6. ある高校で，生徒会の会長に A, B の 2 人が立候補した。選挙の直前に，全生徒の中から 100 人を無作為抽出し，どちらを支持するか調査したところ，59 人が A を支持し，41 人が B を支持した。A の支持率の方が高いと判断してよいか，有意水準 5% で検定せよ。

指針 片側検定 A の支持率を p として，$p \geqq 0.5$ であることを前提に，仮説「$p=0.5$ である」を立てて，片側検定を行う。

解答 A の支持率を p とすると，A の支持率の方が高いならば，$p > 0.5$ である。

ここで，$p \geqq 0.5$ であることを前提として，「$p=0.5$ である」という仮説を立てる。

仮説が正しいとすると，100 人中の A を支持する生徒の人数 X は，二項分布 $B(100, 0.5)$ に従う。

X の期待値 m と標準偏差 σ は

$$m = 100 \times 0.5 = 50$$
$$\sigma = \sqrt{100 \times 0.5 \times (1-0.5)} = 5$$

であり，X は近似的に正規分布 $N(50, 5^2)$ に従う。

よって，$Z = \dfrac{X-50}{5}$ は近似的に標準正規分布 $N(0, 1)$ に従う。

正規分布表より $P(Z \leqq 1.64) \fallingdotseq 0.5 + 0.45 = 0.95$ であるから，有意水準 5% の棄却域は $Z \geqq 1.64$

$X = 59$ のとき $Z = \dfrac{59-50}{5} = 1.8$ であり，これは棄却域に入るから，仮説は棄却できる。

したがって，**A の支持率の方が高いと判断してよい。** 答

第2章　章末問題B

教 p.111

7. 1個のさいころを4回投げて，k回目に出た目が
3の倍数のとき$X_k=1$，3の倍数でないとき$X_k=0$とする。
$X=X_1+X_2+X_3+X_4$とするとき，Xの期待値，分散，標準偏差を求めよ。

指針 **二項分布**　Xはさいころを4回投げたときに3の倍数の目が出た回数を表すから，二項分布に従う。よって，二項分布の期待値と標準偏差を計算すればよい。

解答 Xの値はX_1，X_2，X_3，X_4のうち1の値をとるものの個数を表し，これは，1個のさいころを4回投げたときに，出た目が3の倍数になった回数を示している。

さいころを1回投げたとき，3の倍数の目が出る確率は$\dfrac{2}{6}=\dfrac{1}{3}$であるから，

Xは二項分布$B\left(4,\ \dfrac{1}{3}\right)$に従う。

Xの**期待値は**　$E(X)=4\cdot\dfrac{1}{3}=\dfrac{4}{3}$

Xの**分散は**　$V(X)=4\cdot\dfrac{1}{3}\cdot\left(1-\dfrac{1}{3}\right)=\dfrac{8}{9}$

Xの**標準偏差は**　$\sigma(X)=\sqrt{V(X)}=\sqrt{\dfrac{8}{9}}=\dfrac{2\sqrt{2}}{3}$　答

教 p.111

8. ある大学の入学試験は，入学定員400名に対し受験者数が2600名で，500点満点に対し平均点は285点，標準偏差は72点であった。得点の分布が正規分布で近似されるとみなすとき，合格最低点はおよそ何点と考えられるか。ただし，小数第1位を切り捨てて整数で答えよ。

指針 **正規分布の応用**　受験者の得点をXとすると，Xは近似的に正規分布に従う。合格最低点をa点とすると$P(X\geqq a)=\dfrac{400}{2600}$が成り立つ。ここで，$X$を近似的に標準正規分布に従う変数$Z$に変換し，$P(X\geqq a)=P(Z\geqq u)$となる$u$の値をまず求める。

解答 受験者の得点をXとする。

Xは近似的に正規分布$N(285,\ 72^2)$に従うから，$Z=\dfrac{X-285}{72}$は近似的に標準正規分布$N(0,\ 1)$に従う。

合格最低点を a 点とし，$u = \dfrac{a-285}{72}$ とすると

$P(X \geqq a) = P(Z \geqq u) = \dfrac{400}{2600}$ が成り立つ。

ここで，$P(Z \geqq u) = P(Z \geqq 0) - P(0 \leqq Z \leqq u) = 0.5 - p(u)$ より

$0.5 - p(u) = \dfrac{400}{2600} \fallingdotseq 0.1538$　　すなわち　$p(u) \fallingdotseq 0.5 - 0.1538 = 0.3462$

これを満たす u の値は，正規分布表より　　$u \fallingdotseq 1.02$

このとき，$1.02 = \dfrac{a-285}{72}$ より　　$a = 358.44$

したがって，合格最低点は　　**およそ 358 点**　答

教 p.111

9. 2つの商品 A，B がそれぞれ大量にあるが，どちらの商品も模造品が含まれている。

(1) 商品 A を無作為に 2500 個抽出したところ，模造品の個数は 50 個であった。商品 A に含まれる模造品の母比率 p を，信頼度 95％で推定せよ。ただし，小数第 4 位を四捨五入して小数第 3 位まで求めよ。

(2) 商品 B について，そのうちの 5％は模造品であるという。無作為に抽出した 1900 個の商品 B の中に含まれる模造品の割合を R とする。R が 3.5％以上 6.5％以下である確率を求めよ。

指針　母比率の推定と標本比率

(1) 標本の大きさを n，標本比率を R とすると，母比率 p に対する信頼度 95％の信頼区間は　　$\left[R - 1.96\sqrt{\dfrac{R(1-R)}{n}},\ R + 1.96\sqrt{\dfrac{R(1-R)}{n}} \right]$

(2) 母比率 p のとき，R は近似的に正規分布 $\left(p,\ \dfrac{R(1-R)}{n} \right)$ に従い，さらに確率変数 R を標準正規分布 $N(0,\ 1)$ に従う確率変数 Z に変換して，正規分布表を利用して考える。

解答 (1) 標本比率 R は　　$R = \dfrac{50}{2500} = 0.02$

標本の大きさは $n = 2500$ であるから

$1.96\sqrt{\dfrac{R(1-R)}{n}} = 1.96\sqrt{\dfrac{0.02 \times 0.98}{2500}} = 1.96 \times 0.0028 \fallingdotseq 0.005$

よって，母比率 p に対する信頼度 95％の信頼区間は

$[0.02 - 0.005,\ 0.02 + 0.005]$

すなわち　　**[0.015, 0.025]**　答

(2) 母比率 0.05 の母集団から，大きさ 1900 の無作為標本を抽出するから，

標本比率 R は近似的に正規分布 $N\left(0.05,\ \dfrac{0.05\times0.95}{1900}\right)$，すなわち

$N(0.05,\ 0.005^2)$ に従う。

よって，$Z=\dfrac{R-0.05}{0.005}$ は近似的に標準正規分布 $N(0,\ 1)$ に従う。

$R=0.035$ のとき $Z=-3$，$R=0.065$ のとき $Z=3$ であるから，求める確率は
$$P(0.035\leqq R\leqq0.065)=P(-3\leqq Z\leqq3)=2P(0\leqq Z\leqq3)$$
$$=2p(3)=2\times0.49865=\textbf{0.9973}\quad\boxed{答}$$

教 p.111

10. 300 g 入りと表示された塩の袋の山がある。無作為に 100 袋を抽出して重さを調べたところ，平均値が 298.2 g，標準偏差が 7.5 g であった。母標準偏差は本本の標準偏差に等しいものとして，次の問いに答えよ。

(1) 1 袋当たりの重さの母平均が 300 g であるとして，この母集団から 100 袋を無作為抽出したとする。このとき，重さの標本平均 $\overline{X}$ の期待値と標準偏差を求めよ。

(2) この塩の袋について，1 袋当たりの重さが表示通りでないと判断してよいか，有意水準 5% で検定せよ。

指針 両側検定

(2) 「1 袋当たりの重さが表示通りである」という仮説を立てる。(1)から，

$Z=\dfrac{\overline{X}-E(\overline{X})}{\sigma(\overline{X})}$ とおくと，Z は近似的に標準正規分布 $N(0,\ 1)$ に従う。

解答 (1) 標本平均 $\overline{X}$ について　　**期待値は**　　　$E(\overline{X})=\textbf{300}$

　　　　　　　　　　　　　　　　　標準偏差は　　　$\sigma(\overline{X})=\dfrac{7.5}{\sqrt{100}}=\textbf{0.75}$　$\boxed{答}$

(2) 「1 袋当たりの重さが表示通りである」という仮説を立てる。

仮説が正しいとすると，1 袋当たりの重さの母平均が $m=300$ であるから，(1) より，$\overline{X}$ は近似的に正規分布 $N(300,\ 0.75^2)$ に従う。

よって，$Z=\dfrac{\overline{X}-300}{0.75}$ は近似的に標準正規分布 $N(0,\ 1)$ に従う。

正規分布表より，$P(-1.96\leqq Z\leqq1.96)=0.95$ であるから，有意水準 5% の棄却域は　　$Z\leqq-1.96,\ 1.96\leqq Z$

$\overline{X}=298.2$ のとき $Z=\dfrac{298.2-300}{0.75}=-2.4$ であり，これは棄却域に入るから，仮説は棄却できる。

したがって，**1 袋当たりの重さが表示通りでないと判断してよい。**　$\boxed{答}$

第**3**章 | 数学と社会生活

1 数学を活用した問題解決

A 数学を活用した問題解決の方法

教 p.118

練習 1

地球の中心を O とする。教科書 118 ページ
の問題について，次の問いに答えよ。

(1) x が最大となるように P の位置を定める
とき，∠OPT を求めよ。

(2) x の最大値を求めよ。ただし，小数第 1
位を四捨五入し，整数で答えよ。

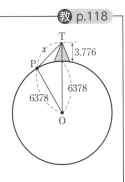

指針 **図形の性質の利用** (2) 三平方の定理を利用する。

解答 (1) x が最大となるのは，右の図のように直線 PT が
円 O と接するときであるから

∠OPT＝**90°** 答

(2) (1) の場合の △OPT において，三平方の定理から

$x=\sqrt{OT^2-OP^2}$

$=\sqrt{(6378+3.776)^2-6378^2}$

$=219.5\cdots$

よって，求める x の最大値は **220** 答

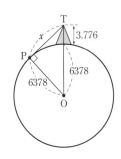

教 p.119

練習 2

教科書 117，119 ページの仮定 [1]，[2′]，
[3]，[4] がすべて成り立つとする。富士
山の山頂を見ることができる場所 P′ の
標高を 0.9 km とし，線分 TP′ の長さを
x' km とするとき，x' の最大値を求め
よ。ただし，小数第 1 位を四捨五入し，
整数で答えよ。

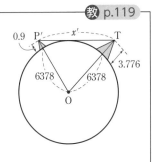

指針 **図形の性質の利用** 三平方の定理を利用する。

解答 x' が最大となるのは，右の図のように直線 P′T が円 O と接するときである。

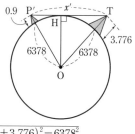

このとき，O から P′T に垂線 OH を下ろすと

$$OH = 6378$$

よって，△OHP′ と △OHT において，三平方の定理から

$$\begin{aligned}x' &= P'H + HT \\ &= \sqrt{OP'^2 - OH^2} + \sqrt{OT^2 - OH^2} \\ &= \sqrt{(6378 + 0.9)^2 - 6378^2} + \sqrt{(6378 + 3.776)^2 - 6378^2} \\ &= 326.6 \cdots\cdots\end{aligned}$$

よって，求める x' の最大値は　**327**　答

B 利益の予測とその最大化

練習 3
教 p.120

新雑誌 1 冊の価格を x 円，そのときの販売冊数を y 冊とする。新雑誌を 50000 冊販売したときの利益を，x, y を用いて表せ。

指針 **発行数と利益** 利益は，売上金額から製造費を引いたものである。なお，ここでは消費税など，税金の計算は考えなくてよい。

解答 新雑誌 1 冊の価格が x 円，そのときの販売冊数が y 冊のとき

　　　売上金額は　　　xy 円

　　　製造費は　　　$200 \times 50000 = 10000000$（円）

　　よって，求める利益は　　**$xy - 10000000$（円）**　答

練習 4
教 p.121

教科書 121 ページの仮定 [1]，[2]，[3] のもとで，次の問いに答えよ。

(1) 新雑誌の価格を 300 円，500 円，700 円，900 円の中から選ぶとき，利益が最大となるような価格はどれであるか答えよ。

(2) 新雑誌の価格を x 円とするとき，得られる利益を x を用いて表せ。

(3) 新雑誌の価格を 300 円から 900 円で 10 円単位で定めるとき，利益が最大となるような価格と，そのときの販売冊数を求めよ。

指針 **2 次関数を利用した販売予想冊数**

(3) (2) より，利益は x の 2 次式で表されるから，2 次関数の最大値問題に帰着できる。価格は 10 円単位の整数値であることに注意する。

解答 (1) (ⅰ) $x=300$ のとき

仮定 [2] から，販売冊数は　　50000 冊

よって，利益は　　$xy-10000000=300\times50000-10000000=5000000$（円）

(ⅱ) $x=500$ のとき

価格は 300 円より 200 円上がるから，仮定 [3] より，販売冊数は 50000 冊

より $750\times\dfrac{200}{10}=15000$（冊）減少する。

よって，販売冊数は　　$y=50000-15000=35000$（冊）

したがって，利益は　　$xy-10000000=500\times35000-10000000$

$$=7500000（円）$$

(ⅲ) $x=700$ のとき

価格は 300 円より 400 円上がるから，仮定 [3] から販売冊数は 50000 冊

より $750\times40=30000$（冊）減少する。

ゆえに，販売冊数は　　$y=50000-30000=20000$（冊）

よって，利益は　　$xy-10000000=700\times20000-10000000=4000000$（円）

(ⅳ) $x=900$ のとき

価格は 300 円より 600 円上がるから，仮定 [3] から販売冊数は 50000 冊

より $750\times60=45000$（冊）減少する。

ゆえに，販売冊数は　　$y=50000-45000=5000$（冊）

よって，利益は　　$xy-10000000=900\times5000-10000000=-5500000$（円）

(ⅰ)〜(ⅳ)から，利益が最大となるような価格は　　**500 円**　答

(2) 仮定 [2] および仮定 [3] から　　$y=-\dfrac{750}{10}(x-300)+50000$

すなわち　　$y=-75x+72500$

よって，新雑誌の価格を x 円とするとき，得られる利益は

$$xy-10000000=x(-75x+72500)-10000000$$

$$=-75x^2+72500x-10000000（円）\quad 答$$

(3) 新雑誌の価格を 300 円から 900 円の 10 円単位で定めるとき，利益を $f(x)$

とすると，(2) から

$$f(x)=-75x^2+72500x-10000000\quad(300\leqq x\leqq900)$$

変形すると

$$f(x)=-75\left(x-\dfrac{1450}{3}\right)^2+75\cdot\left(\dfrac{1450}{3}\right)^2-10000000$$

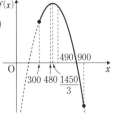

また　　$\dfrac{1450}{3}=483.33\cdots\cdots$

価格 x は 300 円から 900 円の 10 円単位であり，

$483.33\cdots\cdots$ に最も近い 10 円単位の価格は　　480 円

よって，$f(x)$ は $x=480$ で最大値をとる。

ゆえに，(2)から，販売冊数は　　$y=-75x+72500$

$$=-75\times480+72500=36500(冊)$$

图　価格は 480 円，販売冊数は 36500 冊

C グラフを活用した情報の比較

練習 5	（教 p.122） 1個の電球を 30 日だけ使用する場合，3 種類の電球それぞれについて，かかる費用を求めよ。また，求めた結果をもとに，どの電球を購入すればよいか答えよ。

指針 **費用の最小問題**　まず，3 種類の電球はそれぞれ何個必要かを考える。

解答　各電球は 1 日に 10 時間点灯させるから，30 日間では $10\times30=300$ (時間)点灯する。ゆえに，教科書 122 ページの表から，3 種類のどの電球を購入しても 1 個あれば 30 日間使用できる。

よって，各電球にかかる費用は

LED 電球は　　　$1500+1.89\times30=1556.7(円)$

電球型蛍光灯は　$700+2.97\times30=789.1(円)$

白熱電球は　　　$200+16.20\times30=686(円)$　图

したがって，購入金額の費用をおさえるには

白熱電球を購入すればよい。　图

練習 6	（教 p.123） 電球型蛍光灯，LED 電球それぞれについて，使用時間が 6000 時間以下の場合に，使用時間と費用の関係のグラフを白熱電球についてのグラフに重ねてかけ。

指針 **使用時間と費用の関係のグラフ化**

6000 時間以下なら，電球型蛍光灯，LED 電球ともに 1 個で足りることに着目する。

解答　教科書 122 ページの表から，使用時間が 6000 時間以下のとき，電球型蛍光灯，LED 電球ともに 1 個で足りるから，求めるグラフは，どちらも 1 つの直線の一部で表される。

1 時間あたりの電気代は，電球型蛍光灯が，0.297 円，LED 電球が 0.189 円であるから，6000 時間ではそれぞれ $0.297\times6000=1782(円)$，$0.189\times6000=1134(円)$ かかるから費用の合計は，それぞれ $700+1782=2482(円)$，$1500+1134=2634(円)$ となる。

よって，求めるグラフは**右の図**
のようになる。　**答**

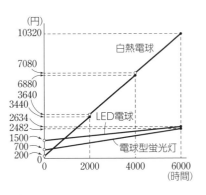

練習 7	教科書 122 ページの問題について，次の問いに答えよ。 (1)　電球を 600 日使用する場合，どの電球を購入すればよいか答えよ。 (2)　電球の使用時間によって，どの電球を購入するのがよいか考察せよ。

指針　使用時間と費用の関係のグラフを利用した問題

(1)　600 日間では 6000 時間点灯することになる。

(2)　グラフが交わるときの時間数に着目して場合分けをする。

解答　右の図において，時間 x における LED 電球の費用を $f(x)$，電球型蛍光灯の費用を $g(x)$，白熱電球の費用を $h(x)$ とする。

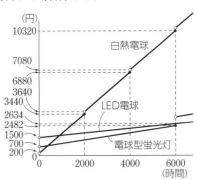

(1)　各電球は 1 日に 10 時間点灯させるから，600 日間では
$$10 \times 600 = 6000(時間)$$
点灯する。図より
$$g(6000) < f(6000) < h(6000)$$
であるから，**電球型蛍光灯を購入すればよい。**　**答**

(2)　右上の図において，$g(x) = h(x)$ となるのは $0 < x \leqq 2000$ のときである。
このとき，$g(x) = 0.297x + 700$，$h(x) = 1.620x + 200$ である。
$g(x) = h(x)$ のとき　　$0.297x + 700 = 1.620x + 200$
これを解くと　　$x = \dfrac{500}{1.323} = 377.9 \cdots\cdots \fallingdotseq 378$

また，$x=6000$ の前後で $f(x)$ と $g(x)$ の大小関係が変わる。

さらに，使用時間が 6000 時間以上の場合も含めた，使用時間と費用の関係のグラフは次の図のようになる。

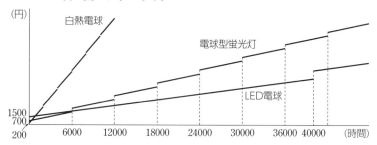

図から，$x>6000$ において $f(x)$，$g(x)$，$h(x)$ の大小関係が変わることはない。

以上から

$0<x<378$ のとき	$h(x)$ が最小
$378\leqq x\leqq 6000$ のとき	$g(x)$ が最小
$6000<x$ のとき	$f(x)$ が最小

よって　　378 時間より短く使用するときは**白熱電球**，

　　　　　378 時間以上 6000 時間以下使用するときは**電球型蛍光灯**，

　　　　　6000 時間より長く使用するときは **LED 電球**

を購入するのがよい。　答

D 時間によって変化する量の考察

練習 8

1 日目開始前の A，B にある自転車の台数の割合を，それぞれ a，b とする。ただし，a，b は $0\leqq a\leqq 1$，$0\leqq b\leqq 1$，$a+b=1$ を満たす実数である。

(1) a_1，b_1 を，a，b を用いてそれぞれ表せ。

(2) a_{n+1}，b_{n+1} を，a_n，b_n を用いてそれぞれ表せ。

(3) $a=0.8$，$b=0.2$ のとき，a_3，b_3 を求めよ。

指針 n 日目の割合の計算

(3) (1)と(2)を利用して，a_1，$b_1 \rightarrow a_2$，$b_2 \rightarrow a_3$，b_3 と順に求めていく。

解答 (1) 1 日目開始前の A, B にある自転車の台数の割合は，それぞれ a, b である。

また，1 日目終了後の A にある自転車の台数は，A から貸し出され A に返却された自転車の台数と B から貸し出され A に返却された自転車の台数の和である。

よって　　$a_1=0.7a+0.4b$　答

1日目終了後のBにある自転車の台数は，Aから貸し出されBに返却された自転車の台数とBから貸し出されBに返却された自転車の台数の和である。

よって　　$b_1=0.3a+0.6b$　答

(2) (1)と同様に考えると

$$a_{n+1}=0.7a_n+0.4b_n, \quad b_{n+1}=0.3a_n+0.6b_n \quad 答$$

(3) $a=0.8$, $b=0.2$ のとき，(1)，(2)から

$$a_1=0.7a+0.4b=0.7\times0.8+0.4\times0.2=0.64$$
$$b_1=0.3a+0.6b=0.3\times0.8+0.6\times0.2=0.36$$
$$a_2=0.7a_1+0.4b_1=0.7\times0.64+0.4\times0.36=0.592$$
$$b_2=0.3a_1+0.6b_1=0.3\times0.64+0.6\times0.36=0.408$$

よって　　$a_3=0.7a_2+0.4b_2=0.7\times0.592+0.4\times0.408=\mathbf{0.5776}$　答
　　　　　$b_3=0.3a_2+0.6b_2=0.3\times0.592+0.6\times0.408=\mathbf{0.4224}$　答

練習 9

a, b の値を変化させたとき，n が大きくなるにつれて，a_n, b_n の値がどのようになるかを，練習8で考えた関係式やコンピュータなどを用いて考察せよ。

指針　**n を大きくしたときの割合の計算**　$a=0.8$, $b=0.2$ のときと $a=0.4$, $b=0.6$ のときを，コンピュータなどを使って計算して，表にしてみよう。なお，漸化式の問題に帰着させて，a_n と b_n はそれぞれ a, b と n の式で表すことができる（次ページの 参考 を参照）。

解答　練習8(2)の式 $a_{n+1}=0.7a_n+0.4b_n$, $b_{n+1}=0.3a_n+0.6b_n$ において，n を大きくしたときに a_n, b_n が近づく値をコンピュータなどを用いて求める。

たとえば，[1] $a=0.8$, $b=0.2$, [2] $a=0.4$, $b=0.6$ において，n を大きくしたときの a_n, b_n を調べると，次の表のようになる。

[1] $a=0.8$, $b=0.2$ のとき

	a_n	b_n
$n=1$	0.64	0.36
$n=2$	0.592	0.408
$n=3$	0.5776	0.4224
$n=4$	0.57328	0.42672
$n=5$	0.571984	0.428016
$n=6$	0.571595	0.428405
$n=7$	0.571479	0.428521
$n=8$	0.571444	0.428556
$n=9$	0.571433	0.428567
$n=10$	0.571430	0.428570
⋮	⋮	⋮

[2] $a=0.4$, $b=0.6$ のとき

	a_n	b_n
$n=1$	0.52	0.48
$n=2$	0.556	0.444
$n=3$	0.5668	0.4332
$n=4$	0.57004	0.42996
$n=5$	0.571012	0.428988
$n=6$	0.571304	0.428696
$n=7$	0.571391	0.428609
$n=8$	0.571417	0.428583
$n=9$	0.571425	0.428575
$n=10$	0.571428	0.428572
⋮	⋮	⋮

このように，n が大きくなるにつれて，a_n, b_n はある値に近づいていく。

また，その値は，a, b の値によらず一定である。　終

参考 練習 8 の (2) から　$a_{n+1}=0.7a_n+0.4b_n$ ……①，$b_{n+1}=0.3a_n+0.6b_n$ ……②

とすると，①＋② より　　　$a_{n+1}+b_{n+1}=a_n+b_n$

よって　　$a_n+b_n=a_{n-1}+b_{n-1}=\cdots=a_1+b_1=a+b=1$

$b_n=1-a_n$ であるから，これを ① に代入すると　　　$a_{n+1}=0.7a_n+0.4(1-a_n)$

整理すると　　　$a_{n+1}=\dfrac{3}{10}a_n+\dfrac{2}{5}$

漸化式を変形すると　　　$a_{n+1}-\dfrac{4}{7}=\dfrac{3}{10}\left(a_n-\dfrac{4}{7}\right)$　　　　　　　　$\leftarrow c=\dfrac{3}{10}c+\dfrac{2}{5}$

$\qquad\qquad\qquad\qquad\qquad\qquad\qquad\qquad\qquad\qquad\qquad\qquad\qquad$ から $c=\dfrac{4}{7}$

ゆえに，数列 $\left\{a_n-\dfrac{4}{7}\right\}$ は公比 $\dfrac{3}{10}$ の等比数列で，初項は

$$a_1-\dfrac{4}{7}=\dfrac{7}{10}a+\dfrac{2}{5}b-\dfrac{4}{7}$$

よって，数列 $\left\{a_n-\dfrac{4}{7}\right\}$ の一般項は　　　$a_n-\dfrac{4}{7}=\left(\dfrac{7}{10}a+\dfrac{2}{5}b-\dfrac{4}{7}\right)\cdot\left(\dfrac{3}{10}\right)^{n-1}$

したがって，数列 $\{a_n\}$ の一般項 a_n は　　　$a_n=\left(\dfrac{7}{10}a+\dfrac{2}{5}b-\dfrac{4}{7}\right)\cdot\left(\dfrac{3}{10}\right)^{n-1}+\dfrac{4}{7}$

この式において，n が大きくなるにつれて，$\left(\dfrac{3}{10}\right)^{n-1}$ は 0 に近づいていくこと

が知られている。

よって，n が大きくなるにつれて，a_n は $\dfrac{4}{7}$ に近づいていく。

同様にして b_n を求めると $\quad b_n=\left(\dfrac{3}{10}a+\dfrac{3}{5}b-\dfrac{3}{7}\right)\cdot\left(\dfrac{3}{10}\right)^{n-1}+\dfrac{3}{7}$

この式において，n が大きくなるにつれて，$\left(\dfrac{3}{10}\right)^{n-1}$ は 0 に近づいていく。

よって，n が大きくなるにつれて，b_n は $\dfrac{3}{7}$ に近づいていく。

練習 10

教 p.126

A，B で合計 42 台の自転車を貸し出すことを考える。1 日目開始前の A，B にある自転車の台数をそれぞれ 24 台，18 台とする。

(1) 1 日目終了後の A，B にある自転車の台数をそれぞれ求めよ。

(2) n 日目終了後の A，B にある自転車の台数を求め，それぞれのポートの最大収容台数を考察せよ。

指針 **漸化式を用いた変化する割合と量の最大値の考察** 練習 8，9 における考察を利用する。

解答 (1) $a=\dfrac{24}{42}=\dfrac{4}{7}$，$b=\dfrac{18}{42}=\dfrac{3}{7}$

ゆえに $\quad a_1=0.7a+0.4b=\dfrac{7}{10}\cdot\dfrac{4}{7}+\dfrac{4}{10}\cdot\dfrac{3}{7}=\dfrac{4}{7}$

$\qquad\qquad b_1=0.3a+0.6b=\dfrac{3}{10}\cdot\dfrac{4}{7}+\dfrac{6}{10}\cdot\dfrac{3}{7}=\dfrac{3}{7}$

よって，1 日目終了後の **A** にある自転車の台数は $\quad 42\times\dfrac{4}{7}=24$（台）

$\qquad\qquad\qquad\qquad$ **B** にある自転車の台数は $\quad 42\times\dfrac{3}{7}=18$（台） 答

(2) $a_{n+1}=0.7a_n+0.4b_n$，$b_{n+1}=0.3a_n+0.6b_n$ であるから，(1) と同様の計算により，k 日目終了後の A，B にある自転車の台数がそれぞれ 24 台，18 台であるとき，$(k+1)$ 日目終了後の A，B にある自転車の台数もそれぞれ 24 台，18 台となる。

これと (1) の結果から，n 日目終了後の

$\qquad\qquad$ **A にある自転車の台数は 24 台**

$\qquad\qquad$ **B にある自転車の台数は 18 台**

よって，**A，B にある自転車の台数**はそれぞれ常に 24 台，18 台であるから，最大収容台数はそれぞれ 24 台，18 台。 答

練習
11

A，Bで合計42台の自転車を貸し出すとき，A，Bそれぞれの最大収容台数を，教科書125ページの社会実験の結果をもとに，次の手順で考察せよ。

① Aにある台数が多くなるのは，次の表のような場合である。

	Aに返却	Bに返却
Aから貸出	0.9	0.1
Bから貸出	0.6	0.4

Bにある台数が多くなる場合についても，同じような表を作る。

② 教科書126ページ練習8と同様に，a_n，b_nについての関係式を立てる。

③ ②の関係式を用いてa_n，b_nの値の変化を調べ，最大収容台数を求める。

指針 **変化する割合と量の最大値の考察の手順** 練習10と同様で，nを大きくする。

解答 （Aの最大収容台数について）

① Aにある台数が多くなるのは，Aから貸し出された自転車のうち，9割がAに返却され，Bから貸し出された自転車のうち，4割がBに返却される，右の表のようなときである。

	Aに返却	Bに返却
Aから貸出	0.9	0.1
Bから貸出	0.6	0.4

② ①から $a_{n+1}=0.9a_n+0.6b_n$，$b_{n+1}=0.1a_n+0.4b_n$

③ a_n，b_nの値をコンピュータで順に求めると，a，bの値によらず，a_nは0.857，b_nは0.143に近づく。

以上から，Aの最大収容台数は $42×0.857=35.994≒36$（台） 終

（Bの最大収容台数について）

① Bにある台数が多くなるのは，Aから貸し出された自転車のうち，5割がAに返却され，Bから貸し出された自転車のうち，8割がBに返却される，右の表のようなときである。

	Aに返却	Bに返却
Aから貸出	0.5	0.5
Bから貸出	0.2	0.8

② ①から $a_{n+1}=0.5a_n+0.2b_n$，$b_{n+1}=0.5a_n+0.8b_n$

③ a_n，b_nの値をコンピュータで順に求めると，a，bの値によらず，a_nは0.286，b_nは0.714に近づく。

以上から，B の最大収容台数は　　$42\times0.714=29.988\fallingdotseq30$(台)　終

② 社会の中にある数学

A 選挙における議席配分

| 練習
12 | 最大剰余方式を用いて，教科書 128 ページの問題について，4 つの選挙区に議席を割り振れ。 |

指針 **最大剰余方式**　各選挙区の人口を，総人口を議席総数で割った値 d で割った整数値（整数値でなければ小数点以下を切り捨てる）の議席を各選挙区に割り振る方式である。この場合，議席が余るときは，切り捨てた値の大きい順に 1 議席ずつ，議席が余らなくなるまで割り振る。

解答　各選挙区の人口を，総人口 140000 を議席総数 15 で割った値 d で割った値の，小数点以下を切り捨てた値を議席数として各選挙区に割り振ると，順に
5，3，3，2 で，合計 13 議席であるから，残り 2 議席が余る。
各選挙区の人口を d で割った値について，切り捨てた値は順に
0.357 ……，0.75，0.428 ……，0.464 …… であるから，残りの 2 議席は第 2 選挙区と第 4 選挙区に割り振ればよい。
よって，各選挙区の議席数の割り振りは　　**順に 5，4，3，3**　答

| 練習
13 | 教科書 128 ページの問題について，議席総数を 16 に増やした場合に 4 つの選挙区に議席を割り振れ。また，練習 12 の結果と比べて，気付いたことを答えよ。 |

指針 **最大剰余方式**　まず，総人口を議席総数で割った値 d を求める。

解答　総人口 140000 人を議席総数 16 で割った値 d は　　$d=\dfrac{140000}{16}=8750$

各選挙区の人口を d で割った値は
第 1 選挙区　　$50000\div8750=5.714$ ……
第 2 選挙区　　$35000\div8750=4$
第 3 選挙区　　$32000\div8750=3.657$ ……
第 4 選挙区　　$23000\div8750=2.628$ ……
となる。
ここで，各値の小数点以下を切り捨てた値は 5，4，3，2 で，合計 14 議席であるから，残り 2 議席が余る。
各選挙区の人口を d で割った値について，切り捨てた値は順に 0.714 ……，0，

0.657 ……, 0.628 ……であるから, 残りの2議席は第1選挙区と第3選挙区に割り振ればよい。

よって, 各選挙区の議席数の割り振りは　　順に　6, 4, 4, 2　答

また, 練習12の結果と比べると, たとえば次のようなことがわかる。
・議席総数を増やしたにもかかわらず, 第4選挙区の議席数が減っている。
・議席総数が変わると, 切り捨てた値の大きさが変わるため, 残りの議席を割り振る選挙区も変わる。　答

練習 14　教 p.131

d'' を d' よりも小さく, d よりも大きいとする。このとき, d'' の値をうまく選ぶことで, 各選挙区の人口を d'' で割った値の小数点以下を切り上げた値の和が 15 になる。$d''=11000$ のとき, このことを確かめよ。

指針　**アダムズ方式**　各選挙区の人口を割る値を試行錯誤してうまく選ぶことで, 割り振る議席数の合計と議席総数が同じになるようにする方式である。手順として, 最大剰余方式と違うところは, 各選挙区の人口を d で割った値が整数値でないとき, 小数点以下を切り上げて整数にすることである。

解答　各選挙区の人口を $d''=11000$ で割った値は
第1選挙区　　$50000 \div 11000 = 4.545 \cdots$
第2選挙区　　$35000 \div 11000 = 3.181 \cdots$
第3選挙区　　$32000 \div 11000 = 2.909 \cdots$
第4選挙区　　$23000 \div 11000 = 2.090 \cdots$
となり, 各値の小数点以下を切り上げた値は　　5, 4, 3, 3
これらの和は 15 である。　終

練習 15　教 p.131

教科書128ページの問題について, 議席総数を16に増やした場合に, アダムズ方式で4つの選挙区に議席を割り振れ。

指針　**アダムズ方式**　$d=\dfrac{140000}{16}$ で各選挙区の人口を d で割って求めた議席総数は17で, 16を超えてしまうから, d' は d より大きい数を考える。

解答　総人口140000人を議席総数16で割った値 d は　　$d=\dfrac{140000}{16}=8750$

各選挙区の人口を d で割った値は
第1選挙区　　$50000 \div 8750 = 5.714 \cdots$

第2選挙区　　　$35000 \div 8750 = 4$
第3選挙区　　　$32000 \div 8750 = 3.657 \cdots\cdots$
第4選挙区　　　$23000 \div 8750 = 2.628 \cdots\cdots$

となる。

ここで，各値の小数点以下を切り上げた値は 6，4，4，3 で，その和は 17 であり，これは議席総数 16 と異なる。

$d' = 10000$ とすると，各選挙区の人口を d' で割った値は

第1選挙区　　　$50000 \div 10000 = 5$
第2選挙区　　　$35000 \div 10000 = 3.5$
第3選挙区　　　$32000 \div 10000 = 3.2$
第4選挙区　　　$23000 \div 10000 = 2.3$

ここで，各値の小数点以下を切り上げた値は 5，4，4，3 で，その和は 16 であり，これは議席総数 16 と一致する。　　　圏　順に　5，4，4，3

練習 16　議席を割り振る方法を他にも調べ，それぞれの方法を比較せよ。

解答　**(例1)　ジェファーソン方式**

ジェファーソン方式では，アダムズ方式の手順2において，各選挙区の人口を d で割った値が整数でない場合は小数点以下を切り捨てて整数にする。

たとえば，教科書 128 ページの問題について，各選挙区の人口を

$d = \dfrac{140000}{15}$ で割った値は次の通りである。

第1選挙区　　　$50000 \div d = 5.357 \cdots\cdots$
第2選挙区　　　$35000 \div d = 3.75$
第3選挙区　　　$32000 \div d = 3.428 \cdots\cdots$
第4選挙区　　　$23000 \div d = 2.464 \cdots\cdots$

ここで，各値の小数点以下を切り捨てた値は 5，3，3，2 で，その和は 13 であり，これは議席総数 15 と異なる。

$d' = 8300$ とすると，各選挙区の人口を d' で割った値は

第1選挙区　　　$50000 \div 8300 = 6.024 \cdots\cdots$
第2選挙区　　　$35000 \div 8300 = 4.216 \cdots\cdots$
第3選挙区　　　$32000 \div 8300 = 3.855 \cdots\cdots$
第4選挙区　　　$23000 \div 8300 = 2.771 \cdots\cdots$

ここで，各値の小数点以下を切り捨てた値は 6，4，3，2 で，その和は 15 であり，これは議席総数 15 と一致する。

参考　議席総数が 16 の場合は，$d' = 8000$ とすると，議席数の割り振りは順に

6, 4, 4, 2 となる。

(例2) ウェブスター方式

ウェブスター方式では，アダムズ方式の手順2において，各選挙区の人口を d で割った値が整数でない場合は小数第1位を四捨五入して整数にする。

たとえば，128ページの問題について，各選挙区の人口を $d=\dfrac{140000}{15}$ で割った値の小数第1位を四捨五入した値は5，4，3，2で，その和は14であり，これは議席総数15と異なる。

$d'=9200$ とすると，各選挙区の人口を d' で割った値は

第1選挙区	$50000 \div 9200 = 5.434\cdots\cdots$
第2選挙区	$35000 \div 9200 = 3.804\cdots\cdots$
第3選挙区	$32000 \div 9200 = 3.478\cdots\cdots$
第4選挙区	$23000 \div 9200 = 2.5$

ここで，各値の小数第1位を四捨五入した値は5，4，3，3で，その和は15であり，これは議席総数15と一致する。

参考 議席総数が16の場合は，$d'=9100$ とすると，議席数の割り振りは順に5，4，4，3となる。

B スポーツの採点競技

教 p.133

練習17 別の選手Yについて，同じ審判団による採点結果は右の表の通りであった。

	A	B	C	D	E
①	7.5	7.8	7.7	8.1	10.0
②	7.7	8.2	8.0	7.9	10.0
③	7.8	7.6	8.0	8.1	10.0

(1) 選手X，Yの採点結果について，教科書132ページの方法で審判団の採点結果を計算するとき，採点結果が高いのはどちらの選手か。

(2) トリム平均ではなく5人すべての採点の平均値を用いて審判団の採点結果を計算するとき，採点結果が高いのはどちらの選手か。

指針 **スポーツの採点方式**

(1) **トリム平均**を採用して計算する。まず，各審判の採点を，点数が高い順(あるいは低い順)に並べてみる。

解答 (1) 選手Yの3つの観点について，採点の高い順に並べると次のようになる。

①	10.0,	8.1,	7.8,	7.7	7.5
②	10.0,	8.2,	8.0,	7.9	7.7
③	10.0,	8.1,	8.0,	7.8	7.6

最高点と最低点を 1 つずつ除外した残りの 3 つの平均値は

① $\dfrac{8.1+7.8+7.7}{3}=\dfrac{23.6}{3}$ (点)

② $\dfrac{8.2+8.0+7.9}{3}=\dfrac{24.1}{3}$ (点)

③ $\dfrac{8.1+8.0+7.8}{3}=\dfrac{23.9}{3}$ (点)

よって，選手 Y の採点結果は

$$\dfrac{23.6}{3}\times3+\dfrac{24.1}{3}\times4+\dfrac{23.9}{3}\times3=79.63\cdots\cdots\ (点)$$

したがって，**選手 X の採点結果の方が高い。** 圏

(2) 選手 X の 3 つの観点について，採点の平均値は

① $\dfrac{7.7+8.0+7.9+8.2+7.8}{5}=7.92$ (点)

② $\dfrac{8.1+8.3+8.2+8.3+8.1}{5}=8.2$ (点)

③ $\dfrac{8.0+7.5+8.3+8.0+8.3}{5}=8.02$ (点)

よって，選手 X の採点結果は　$7.92\times3+8.2\times4+8.02\times3=80.62$ (点)

選手 Y の 3 つの観点について，採点の平均点は

① $\dfrac{7.5+7.8+7.7+8.1+10.0}{5}=8.22$ (点)

② $\dfrac{7.7+8.2+8.0+7.9+10.0}{5}=8.36$ (点)

③ $\dfrac{7.8+7.6+8.0+8.1+10.0}{5}=8.3$ (点)

よって，選手 Y の採点結果は　$8.22\times3+8.36\times4+8.3\times3=83$ (点)

したがって，**選手 Y の採点結果の方が高い。** 圏

練習 18　教 p.133

教科書 133 ページで説明したように，スポーツの採点競技ではトリム平均を用いることがある。練習 17 の結果を参考に，トリム平均を用いる理由を述べよ。

解答　選手 Y については，①，②，③ すべてにおいて審判 E が 10.0 点をつけている。そのため，5 人の採点の平均値を審判団の採点結果とすると，審判 E の採点によって採点結果は高くなる。

すなわち，E のような極端な点数をつける審判の採点の影響が大きくなりすぎてしまう。このような審判の影響を小さくするために，トリム平均を用いていると考えられる。　終

練習19	ある合唱コンクールでは，10人の審査員A～Jによる採点が行われる。右の表は3つの合唱団X，Y，Zの採点結果である。20%トリム平均が最も高い合唱団が優勝する場合，どの合唱団が優勝するか答えよ。

	A	B	C	D	E	F	G	H	I	J
X	4	5	4	5	4	7	4	10	4	8
Y	1	7	6	6	5	5	6	6	7	6
Z	3	5	8	3	8	3	3	9	8	5

指針 **20%トリム方式** まず，各採点結果を高い順に並べる。10人の20%は2人であるから，並べた点数の両端の2個ずつを除外する。

解答 X，Y，Zの採点結果を高い順に並べると次のようになる。

X：10, 8, 7, 5, 5, 4, 4, 4, 4, 4

Y：7, 7, 6, 6, 6, 6, 6, 5, 5, 1

Z： 9, 8, 8, 8, 5, 5, 3, 3, 3, 3

両側から20%ずつ，すなわち，2つずつ除外した残りの6つの平均値は

$$X：\frac{7+5+5+4+4+4}{6}=4.83\cdots\cdots$$

$$Y：\frac{6+6+6+6+6+5}{6}=5.83\cdots\cdots$$

$$Z：\frac{8+8+5+5+3+3}{6}=5.33\cdots\cdots$$

よって，**Y** が優勝する。 答

C 偏差値

練習20	変量 y のデータは次の n 個の値である。 $$y_1=ax_1+b,\ y_2=ax_2+b,\ \cdots\cdots,\ y_n=ax_n+b$$ 新しい変量 y について，変量 y の平均値 $\overline{y}$，分散 $s_y{}^2$，標準偏差 s_y がそれぞれ，$\overline{y}=a\overline{x}+b$，$s_y{}^2=a^2s_x{}^2$，$s_y=|a|s_x$ であることを示せ。

指針 **変量の変換と平均値，分散，標準偏差** 教科書 60，64 ページで学習した，確率変数 X の変換式 $aX+b$ の期待値（平均値），分散，標準偏差と同じである。

解答 $\displaystyle \overline{y}=\frac{1}{n}\sum_{k=1}^{n}(ax_k+b)=\frac{1}{n}\left(a\sum_{k=1}^{n}x_k+nb\right)=a\cdot\frac{1}{n}\sum_{k=1}^{n}x_k+b=a\overline{x}+b$

$\displaystyle s_y{}^2=\frac{1}{n}\sum_{k=1}^{n}(y_k-\overline{y})^2=\frac{1}{n}\sum_{k=1}^{n}\{(ax_k+b)-(a\overline{x}+b)\}^2=\frac{1}{n}\sum_{k=1}^{n}a^2(x_k-\overline{x})^2$

$\displaystyle \qquad=a^2\cdot\frac{1}{n}\sum_{k=1}^{n}(x_k-\overline{x})^2=a^2s_x{}^2$

$s_x>0$, $s_y>0$ であるから $s_y=|a|s_x$ 終

練習 21 あるクラスで行われた国語と英語の試験の得点のデータについて，右の表のような結果が得られたとする。Aさんの国語と英語の得点がそれぞれ 50 点，

	国語	英語
平均値	35	60
標準偏差	10	5

70 点であったとき，それぞれの偏差値を考えて，どちらの教科が全体における相対的な順位が高いと考えられるか答えよ。

指針 **偏差値** 変量 x について，その平均値を $\overline{x}$，標準偏差を s_x とすると，変量 x のデータについて，あるデータの値 x_k の偏差値は $10 \times \dfrac{x_k-\overline{x}}{s_x}+50$ で与えられる。

解答 Aさんの国語と英語の偏差値は次のようになる。

国語：$10 \times \dfrac{50-35}{10}+50=65$, 英語：$10 \times \dfrac{70-60}{5}+50=70$

よって，**英語**の方が全体における相対的な順位が高い。 答

3 時系列データと移動平均

A 移動平均

練習 22 下の表は，1971 年から 2020 年までの 50 年間について，東京の 8 月の平均気温をまとめたものである。このデータについて，5 年移動平均を求め，もとの気温のグラフと合わせて折れ線グラフに表せ。

年	平均気温	年	平均気温	年	平均気温	年	平均気温	年	平均気温
1971	26.7	1981	26.2	1991	25.5	2001	26.4	2011	27.5
1972	26.6	1982	27.1	1992	27.0	2002	28.0	2012	29.1
1973	28.5	1983	27.5	1993	24.8	2003	26.0	2013	29.2
1974	27.1	1984	28.6	1994	28.9	2004	27.2	2014	27.7
1975	27.3	1985	27.9	1995	29.4	2005	28.1	2015	26.7
1976	25.1	1986	26.8	1996	26.0	2006	27.5	2016	27.1
1977	25.0	1987	27.3	1997	27.0	2007	29.0	2017	26.4
1978	28.9	1988	27.0	1998	27.2	2008	26.8	2018	28.1
1979	27.4	1989	27.1	1999	28.5	2009	26.6	2019	28.4
1980	23.4	1990	28.6	2000	28.3	2010	29.6	2020	29.1

（気象庁ホームページより作成，平均気温の単位は℃）

指針 **時系列データと移動平均** 問題の表のように，時間(この場合は 1 年ごと)に沿って集めたデータを時系列データ，時系列データに対して，各時点のデータを，その時点を含む過去の n 個(問題では $n=5$)のデータの平均値でおき換えたものを考える場合がある。これを移動平均という。

解答

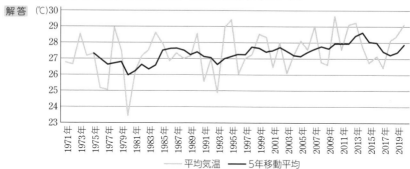

―― 平均気温 ―― 5年移動平均

B 移動平均のグラフ

教 p.141

練習 23

次の (ア) 〜 (オ) は移動平均について述べた文章である。これらの文章のうち，正しいものをすべて選べ。

(ア) 時系列データの変動が激しくないのであれば，その時系列データの移動平均の変動も激しくない。

(イ) 時系列データの移動平均の変動が激しくないのであれば，もとの時系列データの変動も激しくない。

(ウ) 時系列データの変化の傾向を調べる際は，移動平均をとったグラフだけを見て判断すればよい。

(エ) 一般に，移動平均をとる期間が長い方が，変動は緩やかになる。

(オ) 時系列データの変動が激しければ，その時系列データの移動平均の変動も激しい。

指針 **移動平均** 時系列データに対して，各時点のデータを，その時点を含む過去の n 個のデータの平均値でおき換えたもの。

解答 (ア) 時系列データの変動が少なければ，時系列データを一定区間で区切った部分の平均値の変動も少ない。よって，正しい。

(イ) もとの時系列データの変動が激しくても，たとえば，周期的に激しく変動するデータでは，その周期と同じ期間の移動平均の変動は激しくない場合がある。

(ウ) 移動平均を用いると，大きな変化の傾向をとらえやすくなる一方で，特

微的な変化を見出すことが難しくなる。

㈗ 比較的大きな値が1つあったとしても，移動平均をとる期間が長いほど移動平均の値に影響を与えにくい。よって，正しい。

㈺ もとの時系列データの変動が激しくても，たとえば，周期的に激しく変動するデータでは，その周期と同じ期間の移動平均の変動は激しくない場合がある。

以上から，正しいものは ㈰，㈗ 答

4 回帰分析によるデータの分析

A 回帰分析

練習 24 教 p.142

教科書142ページの散布図から，平均気温と支出額の関係について，どのようなことがいえるか説明せよ。

指針 **散布図の分析** 気温の変化に対するアイスクリーム・シャーベットの支出額の変化を調べる。

解答 答 ① 平均気温が高くなるほど，アイスクリーム・シャーベットの支出額が高くなる傾向がみられる。

② 正の相関がある。

練習 25 教 p.144

右の表は，同じ種類の5本の木の太さ x cm と高さ y m を測定した結果である。

木の番号	1	2	3	4	5
x	22	27	29	19	33
y	13	15	18	14	20

(1) 2つの変量 x, y の回帰直線 $y=ax+b$ の a, b の値を求めよ。ただし，小数第3位を四捨五入して小数第2位まで求めよ。

(2) 同じ種類のある木は太さが 25 cm であった。この木の高さはどのくらいであると予測できるか答えよ。

指針 **回帰直線** 回帰直線 $y=ax+b$ の a, b の値は，変量 x, y の平均値をそれぞれ $\overline{x}$, $\overline{y}$，標準偏差をそれぞれ s_x, x と y の共分散を s_{xy}，相関係数を r とすると $s_x>0$ のとき

$$a=\frac{s_{xy}}{s_x^{\,2}}=r\cdot\frac{s_x}{s_y}, \qquad b=\overline{y}-a\overline{x}$$

解答 (1) 変量 x, y の平均値をそれぞれ $\overline{x}$, $\overline{y}$ として，x, y に関するデータを表に

まとめると，$\bar{x}=\dfrac{130}{5}=26$, $\bar{y}=\dfrac{80}{5}=16$ であるから次のようになる。

番号	x	y	$x-\bar{x}$	$y-\bar{y}$	$(x-\bar{x})(y-\bar{y})$	$(x-\bar{x})^2$
1	22	13	-4	-3	12	16
2	27	15	1	-1	-1	1
3	29	18	3	2	6	9
4	19	14	-7	-2	14	49
5	33	20	7	4	28	49
計	130	80			59	124

ゆえに，変量 x の標準偏差を s_x，x と y の共分散を s_{xy} とすると，この表から

$$s_x{}^2=\frac{124}{5}, \qquad s_{xy}=\frac{59}{5}$$

よって $a=\dfrac{59}{5}\div\dfrac{124}{5}=\dfrac{59}{124}=0.475\cdots\cdots$

$$b=16-\frac{59}{124}\times26=\frac{225}{62}=3.629\cdots\cdots$$

したがって $a=0.48$, $b=3.63$ 答

(2) (1)から $y=0.48\times25+3.63=15.63$ (m) 答

B 回帰直線以外を用いる回帰分析

教 p.146

練習 26

教科書 146 ページの表について，雨でぬれた路面での自動車の速度を x km/h，停止距離を y m とする。

(1) x, y の散布図をかけ。

(2) x, y の回帰直線 $y=ax+b$ の a, b の値を求めよ。ただし，小数第 3 位を四捨五入して，小数第 2 位まで求めよ。

指針 **回帰直線** (2) 回帰直線 $y=ax+b$ の a, b の値は，変量 x, y の平均値をそれぞれ $\bar{x}$, $\bar{y}$，標準偏差をそれぞれ s_x, s_y，x と y の共分散を s_{xy} とすると

$s_x>0$ のとき $a=\dfrac{s_{xy}}{s_x{}^2}$, $b=\bar{y}-a\bar{x}$

解答 (1) 答

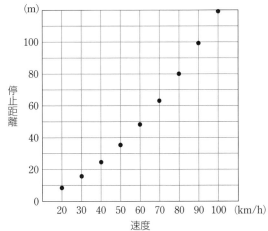

(2) $\overline{x} = \dfrac{1}{9}(20+30+40+50+60+70+80+90+100) = \dfrac{540}{9} = 60$ (km/h)

$\overline{y} = \dfrac{1}{9}(8.2+15.6+24.4+35.3+48.2+63.0+79.8+99.0+118.9)$

$= \dfrac{492.4}{9} = 54.7\dot{1}$ (m)

$s_x{}^2 = \dfrac{1}{9}\{(20-60)^2+(30-60)^2+\cdots\cdots+(100-60)^2\} = \dfrac{6000}{9} = \dfrac{2000}{3}(=666.\dot{6})$

また，$\overline{y}=54.7$ として

$s_{xy} = \dfrac{1}{9}\{(20-60)(8.2-54.7)+(30-60)(15.6-54.7)$

$+\cdots\cdots+(100-60)(118.9-54.7)\} = \dfrac{8315}{9}(=923.\dot{8})$

であるから，回帰直線 $y=ax+b$ の a, b の値は

$a = \dfrac{s_{xy}}{s_x{}^2} = \dfrac{1663}{2000} = 1.385 \cdots\cdots$

$b = \overline{y} - a\overline{x} = \dfrac{492.4}{9} - \dfrac{1663}{1200} \times 60 = -28.438 \cdots\cdots$

よって，小数第 3 位を四捨五入すると　　　$a=1.39$, $b=-28.44$ 答

速度(km/h)	20	30	40	50	60	70	80	90	100
停止距離(m)	19.5	41.8	71.4	109.3	154.7	206.9	269.6	338.2	413.7

練習 27 次の表は，凍った路面での自動車の速度と停止距離のデータである。

自動車の速度 x km/h と停止距離 y m の関係を表す最もよい 2 次関数 $y=ax^2+bx+c$ は $y=0.04x^2+0.27x-1.40$ であるとする。

(1) 自動車の速度が 55 km/h のときの停止距離を予測せよ。

(2) 教科書 146 ページの雨でぬれた路面でのデータと比較して，どのようなことがいえるか説明せよ。

指針 **2 次関数を利用した回帰分析**

(1) $y=0.04x^2+0.27x-1.40$ に $x=55$ を代入する。

解答 (1) $y=0.04\times55^2+0.27\times55-1.40=\mathbf{134.45(m)}$ 答

(2) 自動車の速度が同じとき，雨でぬれた路面での停止距離よりも，凍った路面での停止距離の方が長い。

よって，雨でぬれた路面よりも，凍った路面の方が滑りやすいと考えられる。また，速度が速くなるにつれて，雨でぬれた路面での停止距離と，凍った路面での停止距離の差はより大きくなる。 終

C 対数目盛

練習 28 x_1，x_2，y_1，y_2 はすべて正の値で，$x_1<x_2$，$y_1<y_2$ とする。

(1) 対数目盛において，値の組 $(x_1, 1)$，$(x_2, 1)$ を表す点をそれぞれ A，B とする。このとき，2 点 A，B 間の距離を求めよ。

(2) 対数目盛において，値の組 (x_1, y_1)，(x_2, y_2) を表す点をそれぞれ C，D とする。このとき，2 点 C，D 間の距離を求めよ。

(3) 対数目盛において，(2)の 2 点 C，D を通る直線の傾きを求めよ。

指針 **対数目盛** $a>0$，$b>0$ として，対数目盛で (a, b) の位置にある点は，通常の目盛では $(\log_{10}a, \log_{10}b)$ の位置にある。

解答 (1) 点 A，B は，通常の目盛でそれぞれ $(\log_{10}x_1, 0)$，$(\log_{10}x_2, 0)$ の位置にあるから，2 点 A，B 間の距離は

$$AB=\log_{10}x_2-\log_{10}x_1=\mathbf{\log_{10}\frac{x_2}{x_1}}$$ 答

(2) 点 C，D は，通常の目盛でそれぞれ $(\log_{10}x_1, \log_{10}y_1)$，$(\log_{10}x_2, \log_{10}y_2)$ の位置にあるから，2 点 C，D 間の距離は

$$CD = \sqrt{(\log_{10} x_2 - \log_{10} x_1)^2 + (\log_{10} y_2 - \log_{10} y_1)^2}$$

$$= \sqrt{\left(\log_{10} \frac{x_2}{x_1}\right)^2 + \left(\log_{10} \frac{y_2}{y_1}\right)^2} \quad \text{答}$$

(3) 点 C，D は，通常の目盛でそれぞれ $(\log_{10} x_1,\ \log_{10} y_1)$，
$(\log_{10} x_2,\ \log_{10} y_2)$ の位置にあるから，2 点 C，D を通る直線の傾きは

$$\frac{\log_{10} y_2 - \log_{10} y_1}{\log_{10} x_2 - \log_{10} x_1} = \frac{\log_{10} \dfrac{y_2}{y_1}}{\log_{10} \dfrac{x_2}{x_1}} \quad \text{答}$$

練習 29 教 p.150

教科書 148 ページの 8 つの惑星のデータについて，横軸を T，縦軸を a として，2 つの変量 T，a の散布図を，教科書 150 ページの対数目盛にかけ。

指針 **対数目盛の散布図** 教科書 148 ページの表から，点 $(T,\ a)$ を対数目盛に記入する。

解答 水星，金星，地球，火星，木星，土星，天王星，海王星の順に
(0.241，0.387)，(0.615，0.723)，(1，1)，(1.88，1.52)，(11.86，5.20)，
(29.46，9.55)，(84.02，19.22)，(164.77，30.11)
よって，次の図のようになる。 答

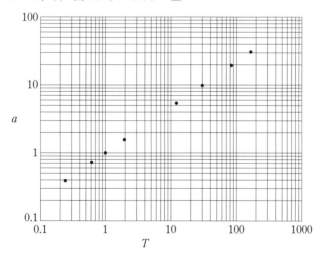

練習
30

練習 29 でかいた散布図を用いて，太陽系の惑星について，$\dfrac{a^3}{T^2}$ の値はほぼ 1 である事実について考えてみよう。

(1) 地球を表す点と火星を表す点を通る直線の傾きを求めよ。ただし，$\log_{10} 1.88 = 0.2742$，$\log_{10} 1.52 = 0.1818$ とし，小数第 3 位を四捨五入して，小数第 2 位まで求めよ。

(2) 対数目盛において，$\dfrac{a^3}{T^2} = 1$ を満たす値の組 $(T,\ a)$ を表す点は，ある直線上にある。この直線の傾きを求めよ。

(3) (1)，(2) を比較してわかることを説明せよ。

指針 惑星の公転周期と太陽からの距離の関係

(2) 対数目盛で $(T,\ a)$ を表す点は，通常の目盛では $(\log_{10} T,\ \log_{10} a)$ である。

解答 (1) 地球を表す点と火星を表す点は，通常の目盛でそれぞれ $(0,\ 0)$，$(\log_{10} 1.88,\ \log_{10} 1.52)$ の位置にあるから，2 点を通る直線の傾きは

$$\frac{\log_{10} 1.52}{\log_{10} 1.88} = \frac{0.1818}{0.2742} = 0.663 \cdots\cdots \fallingdotseq 0.66 \qquad \boxed{答} \quad \mathbf{0.66}$$

(2) 対数目盛で $(T,\ a)$ を表す点が，通常の目盛で (x, y) の位置にあるとすると，$x = \log_{10} T$，$y = \log_{10} a$ を満たす。

$\dfrac{a^3}{T^2} = 1$ を変形すると　　$a^3 = T^2$

$a > 0$，$T > 0$ であるから，両辺の常用対数をとって

$$\log_{10} a^3 = \log_{10} T^2$$

ゆえに　　$3\log_{10} a = 2\log_{10} T$

よって　　$\log_{10} a = \dfrac{2}{3} \log_{10} T$　　すなわち　　$y = \dfrac{2}{3} x$

したがって，対数目盛で $(T,\ a)$ を表す点は直線 $y = \dfrac{2}{3} x$ 上にある。

$$\boxed{答} \quad \frac{2}{3}$$

(3) (1) において，地球を表す点は，通常の目盛で $(0,\ 0)$ の位置にあるから，火星を表す点は直線 $y = 0.66x$ 上にある。

ゆえに，火星を表す点は直線 $y = \dfrac{2}{3} x$ の付近にあるから，(2) より，$\dfrac{a^3}{T^2}$ の値はほぼ 1 である。

よって，太陽系の惑星である火星について，$\dfrac{a^3}{T^2}$ の値はほぼ 1 となる。　　終

総合問題

1 ※問題文は，教科書 151 ページを参照。

指針 **無理数 $\sqrt{c}$ の近似値を数列を使って求める**

(1), (2) 数学的帰納法によって証明する。

(3) 漸化式と(2)の結果を利用する。

(4) $1<\sqrt{2}<2$ であるから　　$x=2$　(5) も同様にして求める。

解答 (1)　a_n が有理数であることを(A)とする。

　　　[1]　$n=1$ のとき

　　　　　$a_1=x$ で，x は $x-1<\sqrt{c}<x$ を満たす自然数であるから，$n=1$ のとき，(A)が成り立つ。

　　　[2]　$n=k$ のとき(A)が成り立つ，すなわち a_k は有理数であると仮定する。

　　　　　$n=k+1$ のとき，漸化式から　　$a_{k+1}=\dfrac{1}{2}\left(a_k+\dfrac{c}{a_k}\right)$

　　　　　ここで，a_k, c はともに有理数であるから，a_{k+1} も有理数である。

　　　　　よって，$n=k+1$ のときも(A)が成り立つ。

　　　[1]，[2]から，すべての自然数 n について(A)が成り立つ。　　終

(2)　不等式 $a_n>\sqrt{c}$ を(B)とする。

　　　[1]　$n=1$ のとき

　　　　　$a_1=x$ で，x は $x-1<\sqrt{c}<x$ を満たす自然数であるから，$n=1$ のとき，(B)が成り立つ。

　　　[2]　$n=k$ のとき，(B)が成り立つ，すなわち　$a_k>\sqrt{c}$ が成り立つと仮定する。

　　　　　$n=k+1$ のとき，(B)の両辺の差を考えると，漸化式から

　　　　　$a_{k+1}-\sqrt{c}=\dfrac{1}{2}\left(a_k+\dfrac{c}{a_k}\right)-\sqrt{c}=\dfrac{a_k{}^2-2\sqrt{c}\,a_k+c}{2a_k}=\dfrac{(a_k-\sqrt{c}\,)^2}{2a_k}>0$

　　　　　よって，$n=k+1$ のときも(B)が成り立つ。

　　　[1]，[2]から，すべての自然数 n について(B)が成り立つ。　　終

(3)　すべての自然数 n について，漸化式から

　　　　$a_n-a_{n+1}=a_n-\dfrac{1}{2}\left(a_n+\dfrac{c}{a_n}\right)=\dfrac{a_n{}^2-c}{2a_n}=\dfrac{(a_n+\sqrt{c}\,)(a_n-\sqrt{c}\,)}{2a_n}$

　　　よって，(2)で証明した不等式から　　$a_n-a_{n+1}>0$

　　　すなわち，すべての自然数 n について，$a_{n+1}<a_n$ が成り立つ。　　終

(4)　$1<\sqrt{2}<2$ であるから　　$x=2$

　　　よって　　$a_1=2$

　　　　$a_2=\dfrac{1}{2}\left(a_1+\dfrac{2}{a_1}\right)=\dfrac{1}{2}\left(2+\dfrac{2}{2}\right)=\dfrac{3}{2}$

$$a_3 = \frac{1}{2}\left(a_2 + \frac{2}{a_2}\right) = \frac{1}{2}\left(\frac{3}{2} + \frac{4}{3}\right) = \frac{17}{12}$$

$$a_4 = \frac{1}{2}\left(a_3 + \frac{2}{a_3}\right) = \frac{1}{2}\left(\frac{17}{12} + \frac{24}{17}\right) = \frac{577}{408}$$

ここで，$\frac{17}{12} = 1.41666\cdots\cdots$，$\frac{577}{408} = 1.41421\cdots\cdots$であるから，小数第5位を

四捨五入して　　$a_3 = 1.4167$, $a_4 = 1.4142$　　答

(5)　$2 < \sqrt{5} < 3$ であるから　　$x = 3$

よって　　$a_1 = 3$

$$a_2 = \frac{1}{2}\left(a_1 + \frac{5}{a_1}\right) = \frac{1}{2}\left(3 + \frac{5}{3}\right) = \frac{7}{3}$$

$$a_3 = \frac{1}{2}\left(a_2 + \frac{5}{a_2}\right) = \frac{1}{2}\left(\frac{7}{3} + \frac{15}{7}\right) = \frac{47}{21}$$

$$a_4 = \frac{1}{2}\left(a_3 + \frac{5}{a_3}\right) = \frac{1}{2}\left(\frac{47}{21} + \frac{105}{47}\right) = \frac{2207}{987}$$

ここで，$\frac{47}{21} = 2.23809\cdots\cdots$，$\frac{2207}{987} = 2.23606\cdots\cdots$であるから，小数第5位を

四捨五入して　　$a_3 = 2.2381$, $a_4 = 2.2361$　　答

2　※問題文は，教科書 152 ページを参照。

指針　**2つ以上の確率変数の独立の判定**

(1)　X_1 については，まず，$P(X_1 = 0)$ を求め，$P(X_1 = 1)$ は余事象の確率を考える。X_2, X_3 についても，同様に考える。

(3)　3回の目の出方は2つの場合がある。

(4)　$P(X_1 = 0, X_2 = 0) = P(X_1 = 0)P(X_2 = 0)$ などが成り立つかどうかを考える。

(5)　$P(X_1 = 1, X_2 = 1, X_3 = 1) = P(X_1 = 1)P(X_2 = 1)P(X_3 = 1)$ が成り立つかどうかを考える。

解答　(1)　1個のさいころを3回投げたとき，目の出方の総数は　　6^3 通り

$X_1 = 0$ のとき，1回目と2回目で出る目の和が奇数で，3回目に出る目は何でもよいから，$X_1 = 0$ となる3回の目の出方は　　$(3 \times 3 + 3 \times 3) \times 6$ 通り

ゆえに　　$P(X_1 = 0) = \frac{18 \times 6}{6^3} = \frac{1}{2}$

よって　　$P(X_1 = 1) = 1 - P(X_1 = 0) = \frac{1}{2}$

したがって，X_1 の確率分布は右の表のようになる。

X_1	0	1	計
P	$\frac{1}{2}$	$\frac{1}{2}$	1

X_2, X_3 についても，同様に考えることで，求める確率分布はそれぞれ右のようになる。　答

X_2	0	1	計
P	$\frac{1}{2}$	$\frac{1}{2}$	1

X_3	0	1	計
P	$\frac{1}{2}$	$\frac{1}{2}$	1

(2) $X_1=1$, $X_2=1$ のとき，3回とも出る目は偶数，または3回とも出る目は奇数である。

よって，$X_1=1$, $X_2=1$ となる3回の目の出方は　　2×3^3 通り

したがって　　$P(X_1=1,\ X_2=1)=\dfrac{2\times3^3}{6^3}=\dfrac{1}{4}$

同様にして　　$P(X_2=1,\ X_3=1)=\dfrac{1}{4}$, $P(X_1=1,\ X_3=1)=\dfrac{1}{4}$　答

(3) $X_1=1$ かつ $X_2=0$ であるとき，3回の目の出方は次の2つの場合が考えられる。

[1] 1回目，2回目が偶数，3回目が奇数

このようになる3回の目の出方は　　$3^3=27$ (通り)

[2] 1回目，2回目が奇数，3回目が偶数

このようになる3回の目の出方は　　$3^3=27$ (通り)

よって，求める目の出方は　　$27+27=54$(通り)　答

(4) (3)から　　$P(X_1=1,\ X_2=0)=\dfrac{54}{6^3}=\dfrac{1}{4}$

$P(X_1=0,\ X_2=0)$, $P(X_1=0,\ X_2=1)$についても，(3)と同様に考えると

$P(X_1=0,\ X_2=0)=\dfrac{54}{6^3}=\dfrac{1}{4}$, 　　$P(X_1=0,\ X_2=1)=\dfrac{54}{6^3}=\dfrac{1}{4}$

また，(2)から　　$P(X_1=1,\ X_2=1)=\dfrac{1}{4}$

よって，(1)より

$P(X_1=0,\ X_2=0)=P(X_1=0)P(X_2=0)$
$P(X_1=0,\ X_2=1)=P(X_1=0)P(X_2=1)$
$P(X_1=1,\ X_2=0)=P(X_1=1)P(X_2=0)$
$P(X_1=1,\ X_2=1)=P(X_1=1)P(X_2=1)$

が成り立つから，確率変数X_1, X_2 は互いに**独立である。**　答

(5) $X_1=1$, $X_2=1$ であるとき，$X_3=1$ である。

よって，(2)から　　$P(X_1=1,\ X_2=1,\ X_3=1)=P(X_1=1,\ X_2=1)=\dfrac{1}{4}$

一方，(1)から　　$P(X_1=1)P(X_2=1)P(X_3=1)=\dfrac{1}{2}\cdot\dfrac{1}{2}\cdot\dfrac{1}{2}=\dfrac{1}{8}$

したがって，$P(X_1=1,\ X_2=1,\ X_3=1)\neq P(X_1=1)P(X_2=1)P(X_3=1)$であるから，確率変数$X_1$, X_2, X_3 は互いに**独立でない。**　答

1 数列と一般項

1 自然数の3乗で表される数を，小さい方から順に並べると

$$1, \ 8, \ 27, \ 64, \ 125, \ \cdots\cdots$$

となる。この数列の初項と第4項をいえ。また，第7項を求めよ。

▶️教p.8 練習1

2 一般項が次の式で表される数列 $\{a_n\}$ について，初項から第4項までを求めよ。

(1) $a_n = 3n - 1$ (2) $a_n = n(2n+1)$ (3) $a_n = \dfrac{n}{2^n}$

▶️教p.9 練習2

3 次のような数列の一般項 a_n を，n の式で表せ。

(1) 分子には正の奇数，分母には自然数の2乗が順に現れる分数の数列

$$\frac{1}{1}, \ \frac{3}{4}, \ \frac{5}{9}, \ \frac{7}{16}, \ \cdots\cdots$$

(2) 正の奇数 1, 3, 5, 7, ……の数列で符号を交互に変えた数列

$$1, \ -3, \ 5, \ -7, \ \cdots\cdots$$

▶️教p.9 練習3

2 等差数列

4 次のような等差数列の初項から第5項までを書け。

(1) 初項 5，公差 3   (2) 初項 35，公差 -7

▶️教p.11 練習4

5 次の等差数列の公差を求めよ。また，□に適する数を求めよ。

(1) 1, 7, 13, □, □, ……   (2) □, 6, 11, □, □, ……

▶️教p.11 練習5

6 次のような等差数列 $\{a_n\}$ の一般項を求めよ。また，第10項を求めよ。

(1) 初項 3，公差 2   (2) 初項 $\dfrac{1}{2}$，公差 $-\dfrac{1}{2}$

▶️教p.11 練習6

7 次のような等差数列 $\{a_n\}$ の一般項 a_n を求めよ。

(1) 第 5 項が 10, 第 10 項が 20 (2) 第 10 項が 100, 第 100 項が 10

▶️📖 p.12 練習 7

8 一般項が $a_n = -2n+3$ で表される数列 $\{a_n\}$ は等差数列であることを示せ。また, 初項と公差を求めよ。　　　　　　　　　　　▶️📖 p.13 練習 8

9 次の数列が等差数列であるとき, x の値を求めよ。

(1) x, -1, 4, ……　　　　　　　(2) $\dfrac{1}{9}$, $\dfrac{1}{x}$, $\dfrac{1}{18}$, ……

▶️📖 p.13 練習 9

③ 等差数列の和

10 (1) 初項 3, 末項 21, 項数 10 の等差数列の和を求めよ。

(2) 初項 50, 公差 -2 の等差数列の初項から第 26 項までの和を求めよ。

▶️📖 p.16 練習 10

11 初項 20, 公差 -5 の等差数列の初項から第 n 項までの和 S_n を求めよ。

▶️📖 p.16 練習 11

12 正の奇数の列の 1 つおきの数の和について, 次の等式が成り立つことを示せ。

$$1+5+9+\cdots\cdots+(4n-3)=2n^2-n$$

▶️📖 p.16 練習 12

13 次の等差数列の和 S を求めよ。

(1) 5, 9, 13, ……, 101

(2) 123, 120, 117, ……, -24　　　　　　▶️📖 p.16 練習 13

14 初項が 99, 公差が -5 である等差数列 $\{a_n\}$ がある。

(1) 初項から第何項までの和が最大であるか。また, その和を求めよ。

(2) 数列 $\{a_n\}$ の第 n 項までの和 S_n は $S_n=-\dfrac{5}{2}n^2+\dfrac{203}{2}n$ で表されることを示せ。

(3) 2 次関数 $y=-\dfrac{5}{2}x^2+\dfrac{203}{2}x$ が最大値をとる x の値を求め, (1), (2) の結果と比較してわかることを述べよ。 ▶️🟢 p.17 練習 14

15 初項が -29, 公差が 3 である等差数列 $\{a_n\}$ がある。

(1) 第何項が初めて正の数になるか。

(2) 初項から第 n 項までの和が最小であるか。また, その和を求めよ。

▶️🟢 p.17 練習 15

---

④ 等比数列

16 次のような等比数列の初項から第 5 項までを書け。

(1) 初項 1, 公比 -2　　(2) 初項 54, 公比 $\dfrac{1}{3}$　　▶️🟢 p.18 練習 16

17 次の等比数列の公比を求めよ。また, □ に適する数を求めよ。

(1) 1, 5, 25, □, □, ……　　(2) □, 5, $-5\sqrt{5}$, □, ……

▶️🟢 p.19 練習 17

18 次のような等比数列 $\{a_n\}$ の一般項を求めよ。また, 第 5 項を求めよ。

(1) 初項 5, 公比 3　　(2) 初項 4, 公比 -2

(3) 初項 -7, 公比 2　　(4) 初項 8, 公比 $-\dfrac{1}{3}$　　▶️🟢 p.19 練習 18

19 次のような等比数列 $\{a_n\}$ の一般項を求めよ。

(1) 第 5 項が -48, 第 7 項が -192

(2) 第 4 項が 3, 第 6 項が 27　　▶️🟢 p.20 練習 19

20 数列 -10, x, -5, …… が等比数列であるとき, x の値を求めよ。

▶️🟢 p.20 練習 20

5 等比数列の和

21 次のような等比数列の初項から第 n 項までの和 S_n を求めよ。

(1) $3,\ 3^2,\ 3^3,\ 3^4,\ \cdots\cdots$

(2) $4,\ -2,\ 1,\ -\dfrac{1}{2},\ \cdots\cdots$　　　　▶教 p.22 練習 21

22 初項から第 3 項までの和が 21，第 2 項から第 4 項までの和が 42 である等比数列の初項 a と公比 r を求めよ。

▶教 p.22 練習 22

6 和の記号 Σ

23 次の和を，記号 Σ を用いないで，項を書き並べて表せ。

(1) $\displaystyle\sum_{k=1}^{9} 3k$　　(2) $\displaystyle\sum_{k=2}^{5} 2^{k+1}$　　(3) $\displaystyle\sum_{i=1}^{n} \dfrac{1}{2i+1}$　　▶教 p.25 練習 23

24 次の式を和の記号 Σ を用いて表せ。

(1) $3+4+5+6+7$

(2) $1^2+4^2+7^2+10^2+13^2+16^2$　　▶教 p.26 練習 24

25 次の等式が成り立つように，○ や □ に適する数や式を答えよ。

$$\sum_{k=1}^{n} k^2 = \sum_{k=\bigcirc}^{\square} (k-2)^2$$

▶教 p.26 練習 25

26 次の和を求めよ。

(1) $\displaystyle\sum_{k=1}^{n} 2^{k-1}$　　　　(2) $\displaystyle\sum_{k=1}^{n-1} 6^k$　　▶教 p.26 練習 26

27 恒等式 $(k+1)^4-k^4=4k^3+6k^2+4k+1$ と和 $\displaystyle\sum_{k=1}^{n} k^2,\ \sum_{k=1}^{n} k$ の公式を用いて，

等式 $\displaystyle\sum_{k=1}^{n} k^3=\left\{\dfrac{1}{2}n(n+1)\right\}^2$ を証明せよ。　　▶教 p.27 練習 27

28 次の和を求めよ。

(1) $\displaystyle\sum_{k=1}^{50} 3$　(2) $\displaystyle\sum_{k=1}^{40} k$　(3) $\displaystyle\sum_{k=1}^{25} k^2$　(4) $\displaystyle\sum_{k=1}^{19} k^3$　　▶️教 p.28 練習 28

29 次の和を求めよ。

(1) $\displaystyle\sum_{k=1}^{n} (5k+4)$　(2) $\displaystyle\sum_{k=1}^{n} (k^2-4k)$　(3) $\displaystyle\sum_{k=1}^{n} (4k^3-1)$　(4) $\displaystyle\sum_{k=1}^{n-1} (k^3-k^2)$

▶️教 p.29 練習 29

30 (1) 数列 $3\cdot2+6\cdot3+9\cdot4+\cdots\cdots+3n(n+1)$ の第 k 項を k の式で表せ。

(2) 和 $1\cdot1+2\cdot3+3\cdot5+\cdots\cdots+n(2n-1)$ を求めよ。　▶️教 p.29 練習 30

31 次の和を求めよ。

$1\cdot2\cdot3+2\cdot3\cdot5+3\cdot4\cdot7+\cdots\cdots+n(n+1)(2n+1)$　▶️教 p.29 練習 31

---

7 **階差数列**

---

32 階差数列を考えて，次の数列の第 6 項，第 7 項を求めよ。

$$10,\ 8,\ 4,\ -2,\ -10,\ \cdots\cdots$$
▶️教 p.30 練習 32

33 階差数列を利用して，次の数列 $\{a_n\}$ の一般項 a_n を求めよ。

(1) $3,\ 6,\ 11,\ 18,\ 27,\ \cdots\cdots$　　(2) $1,\ 2,\ 6,\ 15,\ 31,\ \cdots\cdots$

▶️教 p.31 練習 33

34 初項から第 n 項までの和 S_n が，$S_n=n^2-4n$ で表される数列 $\{a_n\}$ の一般項 a_n を求めよ。　▶️教 p.32 練習 34

---

8 **いろいろな数列の和**

---

35 恒等式 $\dfrac{1}{(4k-3)(4k+1)}=\dfrac{1}{4}\left(\dfrac{1}{4k-3}-\dfrac{1}{4k+1}\right)$ を利用して，和

$S=\dfrac{1}{1\cdot5}+\dfrac{1}{5\cdot9}+\dfrac{1}{9\cdot13}+\cdots\cdots+\dfrac{1}{(4n-3)(4n+1)}$ を求めよ。　▶️教 p.33 練習 35

36 次の和 S を求めよ。
$$S = 1 \cdot 1 + 2 \cdot 5 + 3 \cdot 5^2 + 4 \cdot 5^3 + \cdots\cdots + n \cdot 5^{n-1}$$
教 p.34 練習 36

37 初項 1，公差 4 の等差数列を，次のような群に分ける。ただし，第 n 群には n 個の数が入るものとする。

$$1 \mid 5, \ 9 \mid 13, \ 17, \ 21 \mid 25, \ 29, \ 33, \ 37 \mid 41, \ \cdots\cdots$$

(1) 第 n 群の最初の数を n の式で表せ。

(2) 第 20 群に入るすべての数の和 S を求めよ。 教 p.35 練習 37

⑨ 漸化式

38 次の条件によって定められる数列 $\{a_n\}$ の第 2 項から第 5 項を求めよ。

(1) $a_1 = 1, \ a_{n+1} = 5a_n + 1$ (2) $a_1 = -1, \ a_{n+1} = a_n - n$

(3) $a_1 = 4, \ a_{n+1} = 3a_n - n$ 教 p.38 練習 38

39 次の条件によって定められる数列 $\{a_n\}$ の一般項 a_n を求めよ。

(1) $a_1 = 0, \ a_{n+1} = a_n + 5$ (2) $a_1 = 2, \ a_{n+1} = -3a_n$

教 p.39 練習 39

40 次の条件によって定められる数列 $\{a_n\}$ の一般項 a_n を求めよ。

(1) $a_1 = 2, \ a_{n+1} = a_n + 5^n$ (2) $a_1 = 2, \ a_{n+1} = a_n + 4n + 3$

教 p.39 練習 40

41 次の条件によって定められる数列 $\{a_n\}$ の一般項 a_n を求めよ。

(1) $a_1 = 2, \ a_{n+1} = 3a_n - 2$ (2) $a_1 = 1, \ a_{n+1} = \dfrac{a_n}{3} + 2$

教 p.41 練習 41

42 条件 $a_1 = 1, \ a_{n+1} = 2a_n - 3$ によって定められる数列 $\{a_n\}$ の一般項 a_n を，階差数列を用いて求めよ。 教 p.41 研究練習 1

43 次の条件によって定められる数列 $\{a_n\}$ の一般項 a_n を求めよ。

(1) $a_1 = 2, \ a_2 = 5, \ a_{n+2} = 5a_{n+1} - 6a_n$

(2) $a_1 = 1, \ a_2 = 3, \ a_{n+2} = -6a_{n+1} - 8a_n$ 教 p.43 発展練習 1

44 次の条件によって定められる数列 $\{a_n\}$ がある。

$$a_1 = 1, \quad a_2 = 5, \quad a_{n+2} = 8a_{n+1} - 16a_n$$

(1) $a_{n+1} - 4a_n = 4^{n-1}$ であることを示せ。

(2) $b_n = \dfrac{a_n}{4^n}$ とする。$a_{n+1} - 4a_n = 4^{n-1}$ の両辺を 4^{n+1} で割ることによって、

数列 $\{b_n\}$ の漸化式を導き、$\{b_n\}$ の一般項 b_n を求めよ。

(3) 数列 $\{a_n\}$ の一般項 a_n を求めよ。　　　　▶▶ 教 p.43 発展練習 2

45 平面上に n 個の円があって、それらのどの2つも異なる2点で交わり、またどの3つも1点で交わらないとする。これらの n 個の円によって、交点はいくつできるか。　　　　▶▶ 教 p.44 研究練習 1

⑩ 数学的帰納法

46 数学的帰納法を用いて、次の等式を証明せよ。

(1) $1 + 4 + 7 + \cdots\cdots + (3n - 2) = \dfrac{1}{2} n(3n - 1)$

(2) $1\cdot 3 + 2\cdot 4 + 3\cdot 5 + \cdots\cdots + n(n+2) = \dfrac{1}{6} n(n+1)(2n+7)$

▶▶ 教 p.47 練習 42

47 n を3以上の自然数とするとき、次の不等式を証明せよ。

$$3^n > 5n + 1$$

▶▶ 教 p.48 練習 43

48 n は自然数とする。$4n^3 - n$ は3の倍数であることを、n を3で割った余りが 0, 1, 2 のそれぞれの場合に分類して、数学的帰納法を用いずに証明せよ。　　　　▶▶ 教 p.49 練習 44

49 n は自然数とする。$2n^3 + 3n^2 + n$ が6の倍数であることを、数学的帰納法を用いて証明せよ。　　　　▶▶ 教 p.49 練習 45

定期考査対策問題　　　　第1章

1 次の数列 $\{a_n\}$ は，各項の逆数をとった数列が等差数列となる。このとき，x, y の値と数列 $\{a_n\}$ の一般項を求めよ。

(1)　1, $\dfrac{1}{3}$, $\dfrac{1}{5}$, x, y, ……　　　　(2)　1, x, $\dfrac{1}{2}$, y, ……

2 -5 と 15 の間に n 個の数を追加した等差数列を作ると，その総和が 100 になった。このとき，n の値と公差を求めよ。

3 等差数列をなす 3 つの数がある。その和が 15 で，2 乗の和が 83 である。この 3 つの数を求めよ。

4 次の等比数列 $\{a_n\}$ の一般項 a_n を求めよ。ただし，公比は実数とする。
(1)　初項が -2，第 4 項が 128　　　(2)　第 2 項が 6，第 5 項が -48
(3)　第 3 項が 32，第 7 項が 2

5 1 日目に 10 円，2 日目に 30 円，3 日目に 90 円，…… というように，前の日の 3 倍の金額を毎日貯金箱に入れていくと，1 週間でいくら貯金することができるか。

6 (1)　300 から 500 までの自然数のうち，次のような数は何個あるか。また，それらの和 S を求めよ。
　　(ア)　5 の倍数　　　　　　　　(イ)　7 で割ると 2 余る数
(2)　次の数の正の約数の和を求めよ。
　　(ア)　2^9　　　　　　　　　　(イ)　$2^5 \cdot 3^3$

7 a_1, a_2, a_3, a_4, …… は等比数列であり，$a_1+a_2=4$, $a_3+a_4=36$ である。この等比数列の一般項 a_n を求めよ。

8 数列 8, a, b が等差数列をなし，数列 a, b, 36 が等比数列をなすという。a, b の値を求めよ。

9 次の和を求めよ。
(1)　$\displaystyle\sum_{k=1}^{n}(2k-1)(2k+3)k$　　　　(2)　$\displaystyle\sum_{m=1}^{n}\left(\sum_{k=1}^{m}k\right)$

10 次の和 S を求めよ。

(1) $S = \dfrac{1}{2\cdot4} + \dfrac{1}{4\cdot6} + \dfrac{1}{6\cdot8} + \cdots\cdots + \dfrac{1}{2n(2n+2)}$

(2) $S = 1\cdot1 + 2\cdot4 + 3\cdot4^2 + \cdots\cdots + n\cdot4^{n-1}$

11 次の条件によって定められる数列 $\{a_n\}$ の一般項 a_n を求めよ。

(1) $a_1 = 1$, $a_{n+1} = a_n + 2n - 3$ 　　(2) $a_1 = 6$, $a_{n+1} = 4a_n - 9$

12 条件 $a_1 = 2$, $na_{n+1} = (n+1)a_n + 1$ によって定められる数列 $\{a_n\}$ の一般項を，$b_n = \dfrac{a_n}{n}$ のおき換えを利用することにより求めよ。

13 初項から第 n 項までの和 S_n が，次の式で表される数列 $\{a_n\}$ の一般項 a_n を求めよ。

(1) $S_n = n^3 + 2$ 　　　　　　　(2) $S_n = 2^n - 1$

14 数列 $\{a_n\}$ の初項から第 n 項までの和 S_n が，$S_n = 2a_n + n$ であるとき，$\{a_n\}$ の一般項 a_n を求めよ。

15 数列 $\dfrac{1}{1}$, $\dfrac{1}{2}$, $\dfrac{2}{2}$, $\dfrac{1}{3}$, $\dfrac{2}{3}$, $\dfrac{3}{3}$, $\dfrac{1}{4}$, $\dfrac{2}{4}$, $\dfrac{3}{4}$, $\dfrac{4}{4}$, $\cdots\cdots$ について，次の問いに答えよ。

(1) $\dfrac{5}{23}$ は第何項か。

(2) 第 150 項を求めよ。

(3) 初項から第 150 項までの和を求めよ。

16 表の出る確率が $\dfrac{1}{3}$ である硬貨を投げて，表が出たら点数を 1 点増やし，裏が出たら点数はそのままとするゲームについて考える。
0 点から始めて，硬貨を n 回投げたときの点数が偶数である確率 p_n を求めよ。ただし，0 は偶数と考える。

17 次の条件によって定められる数列 $\{a_n\}$ がある。
$$a_1 = -1, \quad a_{n+1} = a_n^2 + 2na_n - 2 \quad (n=1,\ 2,\ 3,\ \cdots\cdots)$$

(1) a_2, a_3, a_4 を求めよ。

(2) 第 n 項 a_n を推測して，それを数学的帰納法を用いて証明せよ。

第2章 統計的な推測

1 確率変数と確率分布

50 2個のさいころを同時に投げて，出る目の差の平方を X とするとき，X の確率分布を求めよ。また，確率 $P(1 \le X \le 16)$ を求めよ。 ▶ 教 p.57 練習 1

51 白玉6個と赤玉4個の入った袋から，2個の玉を同時に取り出すとき，出る白玉の個数を X とする。X の確率分布を求めよ。また，確率 $P(X \ge 1)$ を求めよ。 ▶ 教 p.57 練習 2

2 確率変数の期待値と分散

52 白玉4個と黒玉6個の入った袋から，3個の玉を同時に取り出すとき，出る白玉の個数を X とする。確率変数 X の期待値を求めよ。 ▶ 教 p.59 練習 3

53 1個のさいころを投げて出る目を X とする。
　(1) 確率変数 $2X+3$ の確率分布を求め，期待値 $E(2X+3)$ を求めよ。
　(2) 確率変数 X の期待値 $E(X)$ を求め，さらにその値を用いて期待値 $E(2X+3)$ を求め，(1)で求めたものと一致することを確かめよ。 ▶ 教 p.60 練習 4

54 1個のさいころを投げて出る目を X とするとき，次の確率変数の期待値を求めよ。
　(1) $3X-1$ 　　　　(2) $-X+3$ 　▶ 教 p.60 練習 5

55 当たりくじ2本を含む10本のくじがある。このくじを同時に5本引いたときの当たりくじの本数を X とするとき，確率変数 X, X^2 の期待値をそれぞれ求めよ。 ▶ 教 p.61 練習 6

56 確率変数 X, Y の確率分布が次の表で与えられている。

X	1	4	7	計
P	$\frac{1}{3}$	$\frac{1}{3}$	$\frac{1}{3}$	1

Y	2	4	6	計
P	$\frac{1}{4}$	$\frac{1}{4}$	$\frac{2}{4}$	1

(1) 確率変数 X, Y の期待値，分散，標準偏差をそれぞれ求めよ。

(2) 確率変数 X, Y のとる値が期待値の近くに集中しているのは，X と Y
のどちらであるか答えよ。　　　　　　　　　　　　　　📖 p.63 練習 7

57 分散と期待値の関係式 $V(X)=E(X^2)-\{E(X)\}^2$ を用いて，前問 56 番の確
率変数 X について，分散 $V(X)$ を求めよ。　　　　　📖 p.63 練習 8

58 1 個のさいころを投げて出る目を X とするとき，次の確率変数の期待値，
分散，標準偏差を求めよ。

(1) $X+1$ 　　　　　　　(2) $-4X+2$ 　　　　　📖 p.64 練習 9

❸ 確率変数の和と積

59 袋の中に 1，2 の数字を書いたカードがそれぞれ 6 枚，3 枚の計 9 枚入っ
ている。これらのカードをもとにもどさずに 1 枚ずつ 2 回取り出すとき，
1 回目のカードの数字を X，2 回目のカードの数字を Y とする。このと
き，X と Y の同時分布を求めよ。　　　　　　　　📖 p.66 練習 11

60 確率変数 X, Y の確率分布が次の表で与えられているとき，$X+Y$ の期待
値を求めよ。

X	1	4	7	計
P	$\frac{1}{3}$	$\frac{1}{3}$	$\frac{1}{3}$	1

Y	2	4	6	計
P	$\frac{1}{4}$	$\frac{1}{4}$	$\frac{2}{4}$	1

📖 p.67 練習 12

61 3つの確率変数 X, Y, Z の確率分布が，いずれも右の表で与えられるとき，$X+Y+Z$ の期待値を求めよ。 ▶教 p.68 練習 13

変数	1	2	3	4	計
P	$\dfrac{6}{12}$	$\dfrac{3}{12}$	$\dfrac{2}{12}$	$\dfrac{1}{12}$	1

62 1個のさいころを2回投げて，1回目は出た目の2倍の点，2回目は出た目の3倍の点が得られるとき，合計得点の期待値を求めよ。

▶教 p.69 練習 14

63 2つの確率変数 X, Y が互いに独立で，それぞれの確率分布が次の表で与えられるとき，XY の期待値を求めよ。 ▶教 p.70 練習 15

X	1	3	5	計
P	$\dfrac{5}{8}$	$\dfrac{1}{8}$	$\dfrac{2}{8}$	1

Y	4	7	10	計
P	$\dfrac{2}{5}$	$\dfrac{2}{5}$	$\dfrac{1}{5}$	1

64 さいころを1個投げて，その出る目を X とする。さらに，硬貨を2枚投げて，表の出た硬貨の枚数を Y とする。このとき，$X+Y$ の分散と標準偏差を求めよ。 ▶教 p.71 練習 16

65 3つの確率変数 X, Y, Z が互いに独立で，それぞれの確率分布が下の表で与えられるとき，次の値を求めよ。

X	0	3	計
P	$\dfrac{2}{3}$	$\dfrac{1}{3}$	1

Y	1	5	計
P	$\dfrac{3}{4}$	$\dfrac{1}{4}$	1

Z	2	4	計
P	$\dfrac{1}{2}$	$\dfrac{1}{2}$	1

(1) 出る目の和の期待値   (2) 出る目の積の期待値

(3) 出る目の和の分散 ▶教 p.72 練習 17

4 二項分布

66 1個のさいころを10回投げるとき，偶数の目が出る回数をXとする。Xはどのような二項分布に従うか。また，次の確率を求めよ。
(1) $P(X=2)$　　(2) $P(X=6)$　　(3) $P(5 \leqq X \leqq 7)$　　教 p.74 練習 18

67 確率変数Xが二項分布$B\left(12, \dfrac{2}{3}\right)$に従うとき，$X$の期待値，分散，標準偏差を求めよ。　　教 p.75 練習 19

68 次の確率変数Xの期待値，分散，標準偏差を求めよ。
(1) 1個のさいころを20回投げて3以上の目が出る回数X
(2) 不良品が1%含まれる製品の山から1個を取り出して不良品かどうかを調べることを400回繰り返すとき，不良品を取り出す回数X
教 p.75 練習 20

69 確率変数Xの確率密度関数$f(x)$が次の式で与えられるとき，指定された確率をそれぞれ求めよ。
(1) $f(x)=0.5$　$(0 \leqq x \leqq 2)$　$0 \leqq X \leqq 1$ である確率
(2) $f(x)=2x$　$(0 \leqq x \leqq 1)$　$0.3 \leqq X \leqq 0.5$ である確率　　教 p.78 練習 21

5 正規分布

70 正規分布$N(m, \sigma^2)$に従う確率変数Xについて，$Z=\dfrac{X-3}{5}$が標準正規分布$N(0, 1)$に従うとき，m, σの値を求めよ。　　教 p.80 練習 23

71 確率変数Zが標準正規分布$N(0, 1)$に従うとき，次の確率を求めよ。
(1) $P(0 \leqq Z \leqq 1.54)$　　(2) $P(-2 \leqq Z \leqq 1)$　　(3) $P(-1.2 \leqq Z)$
教 p.81 練習 25

72 確率変数 X が正規分布 $N(10,\ 5^2)$ に従うとき，次の確率を求めよ。

   (1)　$P(10 \leqq X \leqq 25)$　　　(2)　$P(5 \leqq X \leqq 15)$　　　　　　▶教 p.82 練習 26

73 ある市の男子高校生 500 人の身長は，平均 170.0 cm，標準偏差 5.5 cm である。身長の分布を正規分布とみなすとき，次の問いに答えよ。

   (1)　身長が 180 cm 以上の男子は約何％いるか。％は，小数点以下を四捨五入して整数で答えよ。

   (2)　身長が 165 cm 以上 175 cm 以下の男子は約何人いるか。小数点以下を四捨五入して整数で答えよ。　　　　　　▶教 p.83 練習 27

74 1 個のさいころを 360 回投げて，6 の目が出る回数を X とするとき，$50 \leqq X \leqq 60$ となる確率を，標準正規分布 $N(0,1)$ で近似する方法で求めよ。ただし，$\sqrt{2} = 1.41$ として計算せよ。　　　　　　▶教 p.85 練習 28

75 確率変数 X の確率密度関数 $f(x)$ が $f(x) = \dfrac{2}{3}x$ $(0 \leqq x \leqq \sqrt{3}\,)$ であるとき，X の期待値，分散，標準偏差を求めよ。　　　　　　▶教 p.86 研究練習 1

6　母集団と標本

76 80 個の要素から大きさ 20 の無作為標本を，教科書 89 ページで示した無作為抽出の方法で，非復元抽出せよ。　　　　　　▶教 p.90 練習 29

77 次の方法は，無作為抽出としては不適切である。その理由を述べよ。

  「ある高校の 2 年生全体の，自宅における勉強時間について標本調査をするため，中間試験の成績優秀者上位 10 名を抽出した」　　▶教 p.90 練習 30

78 1，2，3，4 の数字を記入したカードが，それぞれ 1，2，3，4 枚の合計 10 枚ある。これを母集団とし，カードの数字を変量とするとき，母集団分布を求めよ。また，母平均，母標準偏差を求めよ。　　▶教 p.91 練習 31

7 標本平均の分布

79 標本の大きさ n を小さくしたとき，標本平均の標準偏差 $\sigma(\overline{X})$ はどのようになるか。また，このことから，n を小さくしたとき，標本平均の散らばりの度合いはどのようになるといえるか。　　　▶️教 p.93 練習 32

80 母平均 80，母標準偏差 5 の十分大きい母集団から，大きさ 64 の標本を抽出するとき，その標本平均 $\overline{X}$ の期待値と標準偏差を求めよ。

▶️教 p.94 練習 33

81 母平均 58，母標準偏差 12 の母集団から大きさ 100 の無作為標本を抽出するとき，その標本平均 $\overline{X}$ が 55 以上 61 以下の値をとる確率を求めよ。

▶️教 p.95 練習 34

82 不良品が全体の 10% 含まれる大量の製品の山から大きさ 400 の無作為標本を抽出するとき，不良品の標本比率を R とする。
(1) R は近似的にどのような正規分布に従うとみなすことができるか。
(2) $0.0925 \leqq R \leqq 0.115$ となる確率を求めよ。　　　▶️教 p.96 練習 35

83 1 個のさいころを n 回投げるとき，1 の目が出る相対度数を R とする。次の各場合について，確率 $P\left(\left|R-\dfrac{1}{6}\right| \leqq \dfrac{1}{60}\right)$ の値を求めよ。
(1) $n=500$ 　　(2) $n=2000$ 　　(3) $n=4500$ 　　▶️教 p.97 練習 36

8 推定

84 ある工場で生産している製品の中から，400 個を無作為抽出して重さを測ったところ，平均値 30.21 kg，標準偏差 1.21 kg であった。この製品の重量の平均値を 95% の信頼度で推定せよ。ただし，小数第 2 位を四捨五入して小数第 1 位まで求めよ。　　　▶️教 p.101 練習 37

85 ある工場で生産している製品の中から，400 個を無作為抽出して重さを
測ったところ，平均値 30.21 kg，標準偏差 1.21 kg であった。この製品
の重量の平均値を 99%の信頼度で推定せよ。ただし，小数第 2 位を四捨
五入して小数第 1 位まで求めよ。また，信頼区間の幅について，問題 84
で求めた信頼区間の幅と比べてどのようなことがいえるか。

▶教 p.101 練習 38

86 ある工場の製品から，無作為抽出で大きさ 3600 の標本を選んだところ，
72 個の不良品があった。不良品の母比率 p を信頼度 95%で推定せよ。た
だし，小数第 4 位を四捨五入して小数第 3 位まで求めよ。

▶教 p.102 練習 39

9 仮説検定

87 ある製パン会社が，従来の食パン A のレシピを改良し，新作の食パン B
を開発した。100 人のモニターに 2 つの食パンを試食してもらったとこ
ろ，58 人が B の方がおいしいと回答した。このとき，食パン B の方が
おいしいと評価されると判断してよいか，教科書 104 ページの方法にな
らって，有意水準 5%で検定せよ。 ▶教 p.105 練習 40

88 ある硬貨を 800 回投げたところ，裏が 430 回出た。この硬貨は，表と裏
の出やすさに偏りがあると判断してよいか，有意水準 5%で検定せよ。

▶教 p.107 練習 41

89 ある種子の発芽率は，従来 60%であったが，それを発芽しやすいように
品種改良した新しい種子から無作為に 150 個抽出して種をまいたところ，
101 個が発芽した。品種改良によって発芽率が上がったと判断してよい
か，有意水準 1%で検定せよ。 ▶教 p.108 練習 42

1 数直線上の原点 O に点 P がある。コインを投げて表が出たら正の向きに 1，裏が出たら負の向きに 1 だけ動くものとする。コインを 3 回投げ終わったとき，点 P の座標を X とする。X の確率分布を求めよ。

2 1 から 11 までの自然数から任意に 1 個の数 X を選ぶ。
(1) X の期待値を求めよ。　　　(2) X の分散と標準偏差を求めよ。

3 a，b は定数で，$a>0$ とする。確率変数 X の期待値が m，標準偏差が σ であるとき，1 次式 $Y=aX+b$ によって，期待値 0，標準偏差 1 である確率変数 Y をつくりたい。a，b の値を求めよ。

4 50 円硬貨 2 枚，100 円硬貨 3 枚を同時に投げて，表の出る 50 円硬貨の枚数を X，表の出る 100 円硬貨の枚数を Y とする。このとき，表の出る枚数の和 $X+Y$ の期待値を求めよ。

5 A の袋には赤玉 3 個と白玉 2 個，B の袋には赤玉 1 個と白玉 4 個が入っている。A，B の袋から 2 個ずつ同時に取り出し，赤玉 1 個につき 100 円，白玉 1 個につき 50 円を，それぞれ受け取ることにする。合計金額の期待値と標準偏差を求めよ。

6 1 個のさいころを 8 回投げるとき，4 以上の目が出る回数を X とする。
(1) 4 以上の目が 3 回以上出る確率を求めよ。
(2) 確率変数 X の期待値と標準偏差を求めよ。

7 確率変数 Z が標準正規分布 $N(0, 1)$ に従うとき，次の確率を求めよ。
(1) $P(Z \geqq 1)$　　　(2) $P(Z \leqq 0.5)$　　　(3) $P(-1 \leqq Z \leqq 2)$

8 1 枚の硬貨を 400 回投げて，表の出る回数を X とするとき，$200 \leqq X \leqq 220$ となる確率を，標準正規分布 $N(0, 1)$ で近似する方法で求めよ。

9 ある県における高校 2 年生の男子の身長の平均は 170.0 cm，標準偏差は 5.5 cm である。身長の分布を正規分布とみなすとき，この県の高校 2 年生の男子の中で，身長 180 cm 以上の人は約何％いるか。小数第 2 位を四捨五入して小数第 1 位まで求めよ。

10 確率変数 X の確率密度関数 $f(x)$ が $f(x) = \dfrac{2}{3}x$ $(0 \leqq x \leqq \sqrt{3}\,)$ で表されるとき，X の期待値，分散，標準偏差を求めよ。

11 1，2，3 の数字を記入したカードが，それぞれ 2 枚，2 枚，1 枚ある。この 5 枚のカードを母集団として，カードの数字を X とする。
   (1) 母集団分布を求めよ。　　　　　(2) 母平均，母標準偏差を求めよ。

12 1，1，2，2，2，3，3，3，3，4 の数字を記入した 10 枚のカードが袋の中にある。10 枚のカードを母集団，カードに書かれている数字を変量とする。
   (1) 母集団分布を求めよ。
   (2) 母平均，母標準偏差を求めよ。
   (3) この母集団から無作為に 1 枚ずつ 4 枚の標本を復元抽出する。標本平均 $\overline{X}$ の期待値と標準偏差を求めよ。

13 全国の有権者の内閣支持率が 50% であるとき，無作為抽出した 2500 人の有権者の内閣支持率を R とする。R が 48% 以上 52% 以下である確率を求めよ。

14 ある県の高校生に 100 点満点の英語の試験を実施したところ，平均点 58 点，標準偏差 12 点であった。この母集団から無作為に 100 人の標本を抽出したとき，その標本平均 $\overline{X}$ が 55 点以上 61 点以下である確率を求めよ。

15 ある試験を受けた高校生の中から，100 人を無作為抽出したところ，平均点は 58.3 点であった。母標準偏差を 13.0 点として，この試験の平均点 x に対して，信頼度 95% の信頼区間を求めよ。ただし，小数第 2 位を四捨五入して小数第 1 位まで答えよ。

16 数千枚の答案の採点をした。信頼度 95%，誤差 2 点以内でその平均点を推定したいとすると，少なくとも何枚以上の答案を抜き出して調べればよいか。ただし，従来の経験で点数の標準偏差は 15 点としてよいことはわかっているものとする。

17 ある 1 個のさいころを 45 回投げたところ，6 の目が 11 回出た。このさいころは 6 の目が出やすいと判断してよいか，有意水準 5% で検定せよ。

18 ある集団の出生児を調べたところ，女子が 1540 人，男子が 1596 人であった。この集団における女子と男子の出生率は等しくないと判断してよいか。有意水準 5% で検定せよ。

第3章 数学と社会生活

① 数学を活用した問題解決

---

90 北岳の山頂の標高は 3193 m である。北岳の山頂を見ることができる場所 P と北岳の山頂 T を結ぶ線分の長さを x km とする。地球の形は完全な球であるとし，その半径は 6378 km であるとするとき，次の問いに答えよ。ただし，場所 P の標高は 0 km であるとする。

(1) 地球の中心を O とし，x が最大となるように P の位置を定めるとき，∠OPT を求めよ。

(2) x の最大値を求めよ。ただし，小数第 1 位を四捨五入し，整数で答えよ。　　　　　 ▶教 p.118 練習 1

91 [1] 地球の形は完全な球である。

[2] 北岳と北岳を見る場所以外の標高は 0 km とし，北岳をさえぎるものはない。

[3] 地球の半径は 6378 km，北岳の山頂の標高は 3.193 km である。

[4] 北岳の山頂からの距離は，北岳を見る場所と北岳の山頂を結ぶ線分の長さ x km であり，目の高さは標高 0 km である。

以上の 4 つの仮定がすべて成り立つとする。北岳の山頂を見ることができる場所 P′ の標高を 0.9 km とし，線分 TP′ の長さを x' km とするとき，x' の最大値を求めよ。ただし，小数第 1 位を四捨五入し，整数で答えよ。

▶教 p.119 練習 2

92 ある出版社が，1 冊の製造費が 250 円である新雑誌を販売する。新雑誌 1 冊の価格を x 円とし，そのときの販売冊数を y 冊とする。新雑誌を 60000 冊販売したときの利益を，x, y を用いて表せ。　　　　 ▶教 p.120 練習 3

93 製造費が 250 円の新雑誌を 60000 冊発行する場合を考える。教科書 120 ページの 500 人のアンケートにおいて，価格をそれぞれ 150 円上げても同じ結果になったとする。すなわち，450 円のとき 147 人，650 円のとき 151 人，850 円のとき 154 人，1050 円のとき 48 人が購入したいと回答したとする。このとき，教科書 121 ページの仮定[1]，[2]，[3]がそのまま当てはまる（[2]の 300 円は 450 円に，50000 冊は 60000 冊に変更）ものとして，次の問いに答えよ。

(1) 新雑誌の価格を 450 円，650 円，850 円，1050 円の中から選ぶとき，利益が最大となるような価格はどれであるか答えよ。

(2) 新雑誌の価格を x 円とするとき，得られる利益を x を用いて表せ。

(3) 新雑誌の価格を 450 円から 1050 円で 10 円単位で定めるとき，利益が最大となるような価格と，そのときの販売冊数を求めよ。

≫ 教 p.121 練習 4

※問題 94 〜 96 は，教科書 122 ページの 3 種類の電球について考察せよ。

94 1 個の電球を 1 日 12 時間点灯で 40 日だけ使用する場合，3 種類の電球それぞれについて，かかる費用を求めよ。また，求めた結果をもとに，費用をおさえるにはどの電球を購入すればよいか答えよ。

≫ 教 p.122 練習 5

95 電球型蛍光灯，LED 電球それぞれについて，使用時間が 10000 時間以下の場合に，使用時間と費用の関係のグラフを，教科書 123 ページのグラフと同じようにかけ。

≫ 教 p.123 練習 6

96 3 種類の電球について，いずれも 1 日に 12 時間点灯させるものとする。

(1) 電球を 500 日使用する場合，どの電球を購入すればよいか答えよ。

(2) 電球の使用日数によって，どの電球を購入するのがよいか考察せよ。

≫ 教 p.123 練習 7

※問題 97 〜 99 は，教科書 125 ペー
ジのシェアサイクルに関する問題に
おいて，A，B からの貸出，返却の割
合は右の表の通りとして解答せよ。

	A に返却	B に返却
A から貸出	0.3	0.7
B から貸出	0.6	0.4

97 1 日目開始前の A，B にある自転車の台数の割合を，それぞれ a，b とす
る。ただし，a，b は $0 \leqq a \leqq 1$，$0 \leqq b \leqq 1$，$a+b=1$ を満たす実数で，n は
自然数である。

(1) a_1，b_1 を，a，b を用いてそれぞれ表せ。

(2) a_{n+1}，b_{n+1} を，a_n，b_n を用いてそれぞれ表せ。

(3) $a=0.8$，$b=0.2$ のとき，a_3，b_3 を求めよ。　　　　▶️教 p.126 練習 8

98 a，b の値を変化させたとき，n が大きくなるにつれて，a_n，b_n の値がど
のようになるかを，問題 97 で考えた関係式を用いて考察せよ。このと
き，実数 p の絶対値が 1 より小さいとき，n が大きくなるにつれて p^n は
0 に近づくことを使ってよい。　　　　　　　　　　　　▶️教 p.126 練習 9

99 A，B で合計 52 台の自転車を貸し出すことを考える。1 日目開始前の A，
B にある自転車の台数をそれぞれ 24 台，28 台とする。

(1) 1 日目終了後の A，B にある自転車の台数をそれぞれ求めよ。

(2) n 日目終了後の A，B にある自転車の台数を求め，それぞれのポー
トの最大収容台数を考察せよ。　　　　　　　　　　　▶️教 p.126 練習 10

100 教科書 125 ページのシェアサイクルに関する問題において，A，B で合
計 56 台の自転車を貸し出すとき，A，B それぞれの最大収容台数を，教
科書 125 ページの社会実験の結果をもとに，次の手順で考察せよ。

① A にある台数が多くなる場合と，B にある台数が多くなる場合の自
転車の貸し戻しの表をそれぞれ作る。

② 問題 97 と同様に，a_n，b_n についての関係式を立てる。

③ ② の関係式を用いて a_n，b_n の値の変化を調べ，最大収容台数を求め
る。

このとき，実数 p の絶対値が 1 より小さいとき，n が大きくなるにつ
れて p^n は 0 に近づくことを使ってよい。　　　　　　▶️教 p.127 練習 11

② 社会の中にある数学

101 ある都市には第1か
ら第4までの4つの
選挙区があり、議席
総数は12である。

選挙区	第1	第2	第3	第4	合計
人口(人)	40000	25000	22000	13000	100000

また、それぞれの選挙区の人口は上の表の通りである。
各選挙区の議席数が、その選挙区の人口にできるだけ比例しているよう
にするためには、12の議席を各選挙区にどのように割り振ればよいだろ
うか。最大剰余方式を用いて求めよ。　　　　　　　　　≫敎 p.129 練習12

102 問題101について、議席総数を13に増やした場合に4つの選挙区に議席
を最大剰余方式を用いて割り振れ。また、問題101の結果と比べて、気
付いたことを答えよ。　　　　　　　　　　　　　　　≫敎 p.129 練習13

103 問題101について、d の値をうまく選ぶことで、各選挙区の人口を d で割っ
た値の小数点以下を切り上げた値の和が12になる。$d=10000$ のとき、
このことを確かめよ。　　　　　　　　　　　　　　　≫敎 p.131 練習14

104 問題101について、議席総数を13に増やした場合に、教科書131ページ
のアダムズ方式で4つの選挙区に議席を割り振れ。　　≫敎 p.131 練習15

105 問題101において、議席を割り振る方法を他にも調べ、それぞれの方法
を比較せよ。　　　　　　　　　　　　　　　　　　　≫敎 p.131 練習16

106 教科書132ページの競技について、別
の選手Yの、同じ審判団による採点結
果は右の表の通りであった。

	A	B	C	D	E
①	7.8	7.9	8.0	8.3	9.0
②	8.2	8.2	8.3	8.4	9.5
③	8.1	7.4	8.4	8.1	10.0

(1) 選手X、Yの採点結果について、
教科書132ページの方法で審判団の
採点結果を計算するとき、採点結果が高いのはどちらの選手か。

(2) トリム平均ではなく5人すべての採点の平均値を用いて審判団の採
点結果を計算するとき、採点結果が高いのはどちらの選手か。

　　　　　　　　　　　　　　　　　　　　　　　　　≫敎 p.133 練習17

107 ある合唱コンクールでは，10人の審査員 A～J による，1点刻みの0～
　　10点の点数をつける。次の表は3つの合唱団 X, Y, Z の採点結果であ
　　る。20%トリム平均が最も高い合唱団が優勝する場合，どの合唱団が優
　　勝するか答えよ。

	A	B	C	D	E	F	G	H	I	J
X	4	6	6	6	5	6	7	6	7	7
Y	4	6	4	3	3	5	9	4	8	6
Z	6	8	7	5	6	5	10	5	6	9

≫ 教 p.133 練習 19

108 あるクラスで行われた数学と英語の試験の得
　　点のデータについて，右の表のような結果が
　　得られたとする。

	数学	英語
平均値	70	60
標準偏差	10	7

　　A さんの数学と英語の得点がそれぞれ85点，
　　74点であったとき，それぞれの偏差値を考えることで，どちらの教科が
　　全体における相対的な順位が高いと考えられるか。　≫ 教 p.135 練習 21

③ 時系列データと移動平均

109 教科書 138 ページのデータについて，10年移動平均を求めよ。

≫ 教 p.138 練習 22

110 次の (ア)～(エ) は移動平均について述べた文章である。これらの文章のう
　　ち，正しいものをすべて選べ。
　　(ア)　時系列データの変動が激しくても，その時系列データの移動平均の
　　　　変動は激しいとは限らない。
　　(イ)　時系列データの移動平均の変動が激しければ，もとの時系列データ
　　　　の変動も激しい。
　　(ウ)　時系列データの変化の傾向を調べる際は，移動平均をとったグラフ
　　　　だけを見て判断してはいけない。
　　(エ)　一般に，移動平均をとる期間が短い方が，変動は激しくなる。
　　　　　　　　　　　　　　　　　　　　　　　　　　≫ 教 p.141 練習 23

4 回帰分析によるデータの分析

111 右の表は，同じ種類の5本の木の太
さx cm と高さy m を測定した結果で
ある。

木の番号	1	2	3	4	5
x	27	32	34	24	38
y	15	17	20	16	22

(1) 2つの変量 x, y の回帰直線
$y=ax+b$ の a, b の値を求めよ。ただし，小数第3位を四捨五入し，
小数第2位まで求めよ。

(2) 同じ種類のある木は太さが 30 cm であった。この木の高さはどのく
らいであると予測できるか答えよ。　　　　　　　　　　▶教 p.144 練習 25

112 教科書 147 ページの練習 27 の表に関して，自動車の速度 x km/h と停止
距離 y m には，関係式 $y=0.04x^2+0.27x-1.40$ が成り立つものとする。

(1) 自動車の速度が 65 km/h のときの停止距離を予測せよ。

(2) 教科書 146 ページの表から，雨でぬれた路面で 60 km/h でブレーキ
をかけたときの自動車の停止距離と凍った路面でブレーキをかけたと
きの自動車の停止距離が同じになるのは，何 km/h でブレーキをかけ
たときか。　　　　　　　　　　　　　　　　　　　　▶教 p.147 練習 27

113 $\log_{10} 2=0.3010$, $\log_{10} 3=0.4771$ とする。また，$x_1 \geqq 1$, $y_1 \geqq 1$ とする。

(1) 対数目盛において，値の組 $(1, 2)$, $(1, 3)$ を表す点をそれぞれ A，
B とするとき，2点 A，B 間の距離を求めよ。

(2) 対数目盛において，値の組 $(1, 1)$, (x_1, y_1) を表す点をそれぞれ C，
D とする。$y_1=1$ のとき，2点 C，D 間の距離が 0.6990 ならば $x_1={}^{\text{ア}}\boxed{}$
である。また，2点 C，D 間の距離が $2\sqrt{5}$ ，直線 CD の傾きが2のと
き，$x_1={}^{\text{イ}}\boxed{}$，$y_1={}^{\text{ウ}}\boxed{}$ である。　　　　　　▶教 p.149 練習 28

114 教科書 150 ページの練習 29 でかいた散布図を用いて，地球を表す点と土
星を表す点を通る直線の傾きを求めよ。ただし，$\log_{10} 29.46=1.4692$,
$\log_{10} 9.55=0.9800$ とし，小数第3位を四捨五入して，小数第2位まで求
めよ。　　　　　　　　　　　　　　　　　　　　　　　▶教 p.150 練習 30

演習編の答と略解

注意 演習編の答の数値，図を示し，適宜略解，略証を[　]に入れて示した。

1 順に　1, 64, 343

2 (1) $a_1=2$, $a_2=5$, $a_3=8$, $a_4=11$

(2) $a_1=3$, $a_2=10$, $a_3=21$, $a_4=36$

(3) $a_1=\dfrac{1}{2}$, $a_2=\dfrac{1}{2}$, $a_3=\dfrac{3}{8}$, $a_4=\dfrac{1}{4}$

3 (1) $a_n=\dfrac{2n-1}{n^2}$

(2) $a_n=(-1)^{n-1}\cdot(2n-1)$

4 (1) 5, 8, 11, 14, 17

(2) 35, 28, 21, 14, 7

5 (1) 公差6；順に 19, 25

(2) 公差5；順に 1, 16, 21

6 (1) $a_n=2n+1$, $a_{10}=21$

(2) $a_n=-\dfrac{1}{2}n+1$, $a_{10}=-4$

7 (1) $a_n=2n$ (2) $a_n=-n+110$

8 初項1，公差-2

[$a_{n+1}-a_n=-2$ で一定であるから，数列$\{a_n\}$は公差-2の等差数列]

9 (1) $x=-6$ (2) $x=12$

10 (1) 120 (2) 650

11 $S_n=\dfrac{5}{2}n(9-n)$

12 [等式の左辺は，初項1，公差4の等差数列の第n項までの和で $\dfrac{1}{2}n\{2\cdot1+(n-1)\cdot4\}$]

13 (1) 1325 (2) 2475

14 (1) 第20項，和は1030

(3) $x=\dfrac{203}{10}$，数列$\{a_n\}$の第n項までの和 S_n を最大にする n は，S_n の式の n を実数 x とおいてできる2次関数を最大にする x の値に最も近い自然数 n である

[(2) $S_n=\dfrac{1}{2}n\{2\cdot99+(n-1)\cdot(-5)\}$]

15 (1) 第11項

(2) 第10項まで，和は-155

16 (1) 1, -2, 4, -8, 16

(2) 54, 18, 6, 2, $\dfrac{2}{3}$

17 (1) 公比5；順に 125, 625

(2) 公比$-\sqrt{5}$；順に$-\sqrt{5}$, 25

18 (1) $a_n=5\cdot3^{n-1}$, $a_5=405$

(2) $a_n=(-2)^{n+1}$, $a_5=64$

(3) $a_n=-7\cdot2^{n-1}$, $a_5=-112$

(4) $a_n=8\left(-\dfrac{1}{3}\right)^{n-1}$, $a_5=\dfrac{8}{81}$

19 (1) $a_n=-3\cdot2^{n-1}$ または $a_n=-3(-2)^{n-1}$

(2) $a_n=\dfrac{1}{9}\cdot3^{n-1}$ または $a_n=-\dfrac{1}{9}(-3)^{n-1}$

20 $x=\pm5\sqrt{2}$

21 (1) $\dfrac{3}{2}(3^n-1)$ (2) $\dfrac{8}{3}\left\{1-\left(-\dfrac{1}{2}\right)^n\right\}$

22 $a=3$, $r=2$

23 (1) $3+6+9+12+15+18+21+24+27$

(2) $2^3+2^4+2^5+2^6$

(3) $\dfrac{1}{3}+\dfrac{1}{5}+\dfrac{1}{7}+\cdots\cdots+\dfrac{1}{2n+1}$

24 (1) $\displaystyle\sum_{k=1}^{5}(k+2)$ (2) $\displaystyle\sum_{k=1}^{6}(3k-2)^2$

25 ○，□の順に 3, $n+2$

26 (1) 2^n-1 (2) $\dfrac{6}{5}(6^{n-1}-1)$

27 $\left[\displaystyle\sum_{k=1}^{n}\{(k+1)^4-k^4\}=\sum_{k=1}^{n}(4k^3+6k^2+4k+1)\right.$

左辺は$(n+1)^4-1=n^4+4n^3+6n^2+4n$,

右辺は$4\displaystyle\sum_{k=1}^{n}k^3+2n^3+5n^2+4n$ から $\displaystyle\sum_{k=1}^{n}k^3$

$=\dfrac{1}{4}\{n^4+4n^3+6n^2+4n-(2n^3+5n^2+4n)\}$

$\left.=\left\{\dfrac{1}{2}n(n+1)\right\}^2\right]$

28 (1) 150 (2) 820 (3) 5525 (4) 36100

29 (1) $\dfrac{1}{2}n(5n+13)$ (2) $\dfrac{1}{6}n(n+1)(2n-11)$

(3) $n(n^3+2n^2+n-1)$

(4) $\dfrac{1}{12}n(n-1)(n-2)(3n-1)$

30 (1) $3k(k+1)$ (2) $\dfrac{1}{6}n(n+1)(4n-1)$

31 $\dfrac{1}{2}n(n+1)^2(n+2)$

32 順に -20, -32

33 (1) $a_n=n^2+2$

(2) $a_n=\dfrac{1}{6}(2n^3-3n^2+n+6)$

34 $a_n=2n-5$

35 $\dfrac{n}{4n+1}$

36 $\dfrac{(4n-1)\cdot 5^n+1}{16}$

$\left[\begin{array}{l} S-5S=1+5+5^2+\cdots\cdots+5^{n-1}-n\cdot 5^n \\[2mm] \text{から}\quad S=-\dfrac{1}{4}\cdot\left(\dfrac{5^n-1}{5-1}-n\cdot 5^n\right) \end{array}\right]$

37 (1) $2n^2-2n+1$ (2) 17540

38 (1) $a_2=6,\ a_3=31,\ a_4=156,\ a_5=781$

(2) $a_2=-2,\ a_3=-4,\ a_4=-7,\ a_5=-11$

(3) $a_2=11,\ a_3=31,\ a_4=90,\ a_5=266$

39 (1) $a_n=5n-5$ (2) $a_n=2(-3)^{n-1}$

40 (1) $a_n=\dfrac{5^n+3}{4}$ (2) $a_n=2n^2+n-1$

$\left[\begin{array}{l} n\geqq 2\ \text{のとき}\quad \text{(1)}\ \ a_n=a_1+\displaystyle\sum_{k=1}^{n-1}5^k \\[4mm] \text{(2)}\ \ a_n=a_1+\displaystyle\sum_{k=1}^{n-1}(4k+3) \end{array}\right]$

41 (1) $a_n=3^{n-1}+1$

(2) $a_n=-2\left(\dfrac{1}{3}\right)^{n-1}+3$

$\left[\begin{array}{l} \text{(1)}\ \ a_{n+1}-1=3(a_n-1) \\[2mm] \text{(2)}\ \ a_{n+1}-3=\dfrac{1}{3}(a_n-3) \end{array}\right]$

42 $a_n=-2^n+3$

$[a_{n+2}-a_{n+1}=2(a_{n+1}-a_n)]$

43 (1) $a_n=3^{n-1}+2^{n-1}$

(2) $a_n=\dfrac{7\cdot(-2)^{n-1}-5\cdot(-4)^{n-1}}{2}$

44 (2) $b_n=\dfrac{1}{16}n+\dfrac{3}{16}$ (3) $a_n=(n+3)\cdot 4^{n-2}$

[(1) 漸化式を変形すると
$a_{n+2}-4a_{n+1}=4(a_{n+1}-4a_n)$ よって，数列
$\{a_{n+1}-4a_n\}$ は，公比 4，初項 $a_2-4a_1=1$ の等
比数列]

45 $a_n=n^2-n$ [n 個の円によってできる交点の
個数を a_n とすると $a_{n+1}=a_n+2n$]

46 [$n=k$ のとき成り立つと仮定すると

(1) $1+4+7+\cdots\cdots+(3k-2)+\{3(k+1)-2\}$

$=\dfrac{1}{2}k(3k-1)+(3k+1)$

$=\dfrac{1}{2}(k+1)\{3(k+1)-1\}$

(2) $1\cdot 3+2\cdot 4+3\cdot 5+\cdots\cdots+k(k+2)$

$+(k+1)\{(k+1)+2\}$

$=\dfrac{1}{6}k(k+1)(2k+7)+(k+1)(k+3)$

$=\dfrac{1}{6}(k+1)\{(k+1)+1\}\{2(k+1)+7\}]$

47 [$n=k$ のとき成り立つと仮定すると

$3^{k+1}-\{5(k+1)+1\}=3\cdot 3^k-(5k+6)$

$>3(5k+1)-(5k+6)=10k-3>0]$

48 [k は整数で，$n=3k(k\geqq 1)$，$n=3k+1(k\geqq 0)$，
$n=3k+2(k\geqq 0)$ の場合に分けると，$4n^3-n$ は
順に $3(36k^3-k)$，$3(3k+1)(12k^2+8k+1)$，
$3(3k+2)(12k^2+16k+3)$ となる]

49 [$n=k$ のとき成り立つと仮定すると，ある整
数 m を用いて $2(k+1)^3+3(k+1)^2+(k+1)$

$=(2k^3+3k^2+k)+6k^2+12k+6$

$=6m+6k^2+12k+6=6(m+k^2+2k+1)$

よって，$n=k+1$ のときも成り立つ]

50

X	0	1	4	9	16	25	計
P	$\dfrac{6}{36}$	$\dfrac{10}{36}$	$\dfrac{8}{36}$	$\dfrac{6}{36}$	$\dfrac{4}{36}$	$\dfrac{2}{36}$	1

$P(1\leqq X\leqq 16)=\dfrac{7}{9}$

51

X	0	1	2	計
P	$\dfrac{6}{45}$	$\dfrac{24}{45}$	$\dfrac{15}{45}$	1

$P(X\geqq 1)=\dfrac{13}{15}$

52 $\dfrac{6}{5}$

53 (1)

$2X+3$	5	7	9	11	13	15	計
P	$\dfrac{1}{6}$	$\dfrac{1}{6}$	$\dfrac{1}{6}$	$\dfrac{1}{6}$	$\dfrac{1}{6}$	$\dfrac{1}{6}$	1

$E(2X+3)=10$

(2) $E(X)=\dfrac{7}{2}$，$E(2X+3)=10$

54 (1) $\dfrac{19}{2}$ (2) $-\dfrac{1}{2}$

55 X の期待値 1，X^2 の期待値 $\dfrac{13}{9}$

56 (1) 期待値，分散，標準偏差の順に

$X:4,\ 6,\ \sqrt{6}$ $Y:\dfrac{9}{2},\ \dfrac{11}{4},\ \dfrac{\sqrt{11}}{2}$

(2) Y

57 $V(X)=6$

58 期待値, 分散, 標準偏差の順に

(1) $\dfrac{9}{2}$, $\dfrac{35}{12}$, $\dfrac{\sqrt{105}}{6}$

(2) -12, $\dfrac{140}{3}$, $\dfrac{2\sqrt{105}}{3}$

59

X\Y	1	2	計
1	$\dfrac{5}{12}$	$\dfrac{3}{12}$	$\dfrac{8}{12}$
2	$\dfrac{3}{12}$	$\dfrac{1}{12}$	$\dfrac{4}{12}$
計	$\dfrac{8}{12}$	$\dfrac{4}{12}$	1

60 $\dfrac{17}{2}$

61 $\dfrac{11}{2}$

62 $\dfrac{35}{2}$

63 $\dfrac{72}{5}$

64 分散 $\dfrac{41}{12}$, 標準偏差 $\dfrac{\sqrt{123}}{6}$

$\Big[E(X)=\dfrac{7}{2},\ E(X^2)=\dfrac{91}{6},\ E(Y)=1,$

$E(Y^2)=\dfrac{3}{2}$ から $V(X)=\dfrac{35}{12},\ V(Y)=\dfrac{1}{2}$

X と Y は互いに独立であるから

$V(X+Y)=V(X)+V(Y)$

$\sigma(X+Y)=\sqrt{V(X+Y)}\ \Big]$

65 (1) 6 (2) 6 (3) 6

$[\,E(X)=1,\ E(Y)=2,\ E(Z)=3$ であり

(1) $E(X+Y+Z)=E(X)+E(Y)+E(Z)$

(2) $E(XYZ)=E(X)E(Y)E(Z)$

(3) $E(X^2)=3$ から $V(X)=2$

同様にして $V(Y)=3,\ V(Z)=1$

$V(X+Y+Z)=V(X)+V(Y)+V(Z)\,]$

66 二項分布 $B\Big(10,\ \dfrac{1}{2}\Big)$ に従う

(1) $\dfrac{45}{1024}$ (2) $\dfrac{105}{512}$ (3) $\dfrac{291}{512}$

67 期待値 8, 分散 $\dfrac{8}{3}$, 標準偏差 $\dfrac{2\sqrt{6}}{3}$

68 期待値, 分散, 標準偏差の順に

(1) $\dfrac{40}{3}$, $\dfrac{40}{9}$, $\dfrac{2\sqrt{10}}{3}$

(2) 4, $\dfrac{99}{25}$, $\dfrac{3\sqrt{11}}{5}$

$\Big[X$ は, 二項分布 (1) $B\Big(20,\ \dfrac{2}{3}\Big)$

(2) $B\Big(400,\ \dfrac{1}{100}\Big)$ にそれぞれ従う $\Big]$

69 (1) 0.5 (2) 0.16

70 $m=3,\ \sigma=5$

71 (1) 0.4382 (2) 0.8185 (3) 0.8849

72 (1) 0.49865 (2) 0.6826

73 (1) 約3% (2) 約319人

74 0.4207 $[X$ の期待値 m と標準偏差 σ は

$m=60,\ \sigma=5\sqrt{2}$ で, $Z=\dfrac{X-60}{5\sqrt{2}}$ は近似的に標

準正規分布 $N(0,\ 1)$ に従い

$P(50\leqq X\leqq 60)=P(-1.41\leqq Z\leqq 0)=p(1.41)\,]$

75 期待値 $\dfrac{2\sqrt{3}}{3}$, 分散 $\dfrac{1}{6}$, 標準偏差 $\dfrac{\sqrt{6}}{6}$

76 1以上80以下の数字を20個抽出

77 2年生の生徒全体からかたよりなく公平に抽出しているとはいえないから

78

X	1	2	3	4	計
P	$\dfrac{1}{10}$	$\dfrac{2}{10}$	$\dfrac{3}{10}$	$\dfrac{4}{10}$	1

母平均3, 母標準偏差1

79 標準偏差は大きくなり, 標本平均の散らばりの度合いも大きくなる

80 期待値 80, 標準偏差 $\dfrac{5}{8}$

81 0.9876

82 (1) 正規分布 $N(0.1,\ 0.015^2)$

(2) 0.5328

$\Big[(1)\ \dfrac{pq}{n}=\dfrac{0.1\times 0.9}{400}=\Big(\dfrac{3}{200}\Big)^2$

(2) $P(0.0925\leqq R\leqq 0.115)=P(-0.5\leqq Z\leqq 1)$

$=P(0\leqq Z\leqq 0.5)+P(0\leqq Z\leqq 1)\,]$

83 (1) 0.6826 (2) 0.9544 (3) 0.9973

84 [30.1, 30.3] ただし, 単位は kg

85 [30.1, 30.4] ただし, 単位は kg；信頼区間の幅が, 0.1 大きくなった

86 [0.015, 0.025]

87 食パンBの方がおいしいと評価されると判断できない

88 表と裏の出やすさにかたよりがあると判断してよい

89 発芽率が上がったと判断できない

90 (1) 90° (2) 202

91 309

92 $xy-7500000$（円）

93 (1) 650円

(2) $-75x^2+93750x-15000000$（円）

(3) 価格620円，販売冊数47250冊；または
価格630円，販売冊数46500冊

94 LED電球1590.72円，電球型蛍光灯842.56円，
白熱電球977.6円
電球型蛍光灯を購入すればよい

95

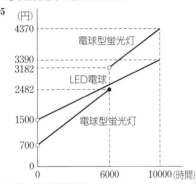

96 (1) 電球型蛍光灯

(2) 31日間だけ使用するなら白熱電球，32日
未満500日まで使用するなら電球型蛍光灯，
501日を超えて使用するならLED電球を購入
すればよい

97 (1) $a_1=0.3a+0.6b$, $b_1=0.7a+0.4b$

(2) $a_{n+1}=0.3a_n+0.6b_n$, $b_{n+1}=0.7a_n+0.4b_n$

(3) $a_3=0.4524$, $b_3=0.5476$

98 a, bの値によらず，nが大きくなるにつれて，
a_nは$\dfrac{6}{13}$, b_nは$\dfrac{7}{13}$に近づいていく

99 (1) A 24台，B 28台

(2) A 24台，B 28台
A, Bの最大収容台数もそれぞれ24台，28台
あればよい

100

	Aに返却	Bに返却
Aから貸出	0.9	0.1
Bから貸出	0.6	0.4

の場合，Aの最大収容台数は 48台

	Aに返却	Bに返却
Aから貸出	0.5	0.5
Bから貸出	0.2	0.8

の場合，Bの最大収容台数は 40台

101 順に 5, 3, 3, 1

102 議席数は順に 5, 3, 3, 2
議席総数が変わると，切り捨てた値の大きさが
変わるため，残りの議席を割り振る選挙区も変
わる

103 ［各選挙区の人口を$d=10000$で割った値は，
順に4, 2.5, 2.2, 1.3 4は整数であるから，4
以外の小数点以下を切り上げると，順に3, 3,
2となり，総和は12］

104 順に 5, 3, 3, 2
［各選挙区の人口を$d=9000$で割る］

105 ［ジェファーソン方式で，$d'=7300$とすると，
議席数は順に 5, 3, 3, 1
ウェブスター方式で，$d'=8700$とすると，議席
数は順に 5, 3, 3, 1］

106 (1) 選手Y (2) 選手Y

107 Z

108 英語

109 1980年，1990年，2000年，2010年，
2020年の順に 26.60, 27.41, 27.26,
27.52, 27.93 （単位は℃）

110 (ア), (ウ)

111 (1) $a=0.48$, $b=3.25$ (2) 17.65 m

112 (1) 185.15 m (2) 32 km/h
［(2) $48.2=0.04x^2+0.27x-1.40$, すなわち
$4x^2+27x-4960=0$を解く］

113 (1) 0.1761

(2) (ア) 5 (イ) 100 (ウ) 10000

114 0.67

定期考査対策問題の答と略解

第1章

1 (1) $x=\dfrac{1}{7}$, $y=\dfrac{1}{9}$；$a_n=\dfrac{1}{2n-1}$

(2) $x=\dfrac{2}{3}$, $y=\dfrac{2}{5}$；$a_n=\dfrac{2}{n+1}$

$\Big[$(2) 数列1, $\dfrac{1}{x}$, 2, および数列$\dfrac{1}{y}$, 2, $\dfrac{1}{x}$が
等差数列になるから

$2 \cdot \dfrac{1}{x}=1+2$, $2 \cdot 2=\dfrac{1}{x}+\dfrac{1}{y}$ $\Big]$

2 $n=18$, 公差 $\dfrac{20}{19}$

[この数列は，初項 -5，末項 15，項数 $n+2$ の
等差数列で，初項から第 $(n+2)$ 項までの和を S
とすると $S=5n+10$]

3 3, 5, 7

[等差数列をなす 3 つの数を $b-d$, b, $b+d$ と
おくと，条件から $3b=15$, $3b^2+2d^2=83$]

4 (1) $a_n=-2(-4)^{n-1}$ (2) $a_n=-3(-2)^{n-1}$

(3) $a_n=128\left(\dfrac{1}{2}\right)^{n-1}$ または $a_n=128\left(-\dfrac{1}{2}\right)^{n-1}$

[初項を a，公比を r とすると

(2) $ar=6$, $ar^4=-48$

(3) $ar^2=32$, $ar^6=2$]

5 10930 円 $\left[\dfrac{10(3^7-1)}{3-1}\right]$

6 (1) 個数，和の順に

(ア) 41 個，16400 (イ) 29 個，11629

(2) (ア) 1023 (イ) 2520

[(1) (ア) 初項 300，末項 500，項数 41 の等差
数列

(イ) 初項 303，末項 499，項数 29 の等差数列

(2) (ア) $1+2+2^2+\cdots\cdots+2^9$

(イ) $(1+2+2^2+\cdots\cdots+2^5)(1+3+3^2+3^3)$]

7 $a_n=3^{n-1}$ または $a_n=-2(-3)^{n-1}$

[初項を a，公比を r とすると
$a(1+r)=4$, $ar^2(1+r)=36$]

8 $a=1$, $b=-6$ または $a=16$, $b=24$

$[2a=b+8$, $b^2=36a]$

9 (1) $\dfrac{1}{6}n(n+1)(6n^2+14n-5)$

(2) $\dfrac{1}{6}n(n+1)(n+2)$

$\left[(2)\ \displaystyle\sum_{m=1}^{n}\left(\sum_{k=1}^{m}k\right)=\sum_{m=1}^{n}\left\{\dfrac{1}{2}m(m+1)\right\}\right.$

$\left.=\dfrac{1}{2}\sum_{m=1}^{n}(m^2+m)\right]$

10 (1) $\dfrac{n}{4(n+1)}$ (2) $\dfrac{(3n-1)\cdot4^n+1}{9}$

$\left[(1)\ \dfrac{1}{2k(2k+2)}=\dfrac{1}{4}\left(\dfrac{1}{k}-\dfrac{1}{k+1}\right)\right.$

(2) $S-4S=1+4+4^2+\cdots\cdots+4^{n-1}-n\cdot4^n]$

11 (1) $a_n=n^2-4n+4$ (2) $a_n=3(4^{n-1}+1)$

[(2) 漸化式を変形すると $a_{n+1}-3=4(a_n-3)$]

12 $a_n=3n-1$ [漸化式の両辺を $n(n+1)$ で割っ

て，$\dfrac{a_{n+1}}{n+1}=\dfrac{a_n}{n}+\dfrac{1}{n(n+1)}$ から

$b_n=b_1+\displaystyle\sum_{k=1}^{n-1}\dfrac{1}{k(k+1)}=\dfrac{3n-1}{n}$ $b_1=2]$

13 (1) $a_1=3$, $n\geqq2$ のとき $a_n=3n^2-3n+1$

(2) $a_n=2^{n-1}$

[$n\geqq2$ のとき

(1) $a_n=S_n-S_{n-1}=3n^2-3n+1$

(2) $a_n=S_n-S_{n-1}=2^{n-1}]$

14 $a_n=-2^n+1$

[$a_{n+1}=S_{n+1}-S_n=2a_{n+1}-2a_n+1$ から

$a_{n+1}=2a_n-1$ よって $a_{n+1}-1=2(a_n-1)]$

15 (1) 第 258 項   (2) $\dfrac{14}{17}$ (3) $\dfrac{1397}{17}$

[第 1 群から第 n 群までの項の総数は

$\dfrac{1}{2}n(n+1)$ (1) $\dfrac{1}{2}\cdot22\cdot23+5$

(2) $\dfrac{1}{2}(n-1)n<150\leqq\dfrac{1}{2}n(n+1)$ から，

第 17 群の 14 番目の数

(3) 初項から第 n 群の最後の数までの和は

$\dfrac{1}{4}n(n+3)$ であるから

$\dfrac{1}{4}\cdot16\cdot19+\dfrac{1}{17}(1+2+\cdots\cdots+14)]$

16 $p_n=\dfrac{1}{2}\left\{1+\left(\dfrac{1}{3}\right)^n\right\}$

$\left[p_{n+1}=p_n\left(1-\dfrac{1}{3}\right)+(1-p_n)\cdot\dfrac{1}{3}\right.$

$=\dfrac{1}{3}p_n+\dfrac{1}{3}$

変形して $p_{n+1}-\dfrac{1}{2}=\dfrac{1}{3}\left(p_n-\dfrac{1}{2}\right)\Big]$

17 (1) $a_2=-3$, $a_3=-5$, $a_4=-7$

[(2) (1) から，$a_n=-2n+1\cdots\cdots$(A) と推測され
る。$n=k$ のとき(A)が成り立つと仮定すると

$a_{k+1}=(-2k+1)^2+2k(-2k+1)-2$

$=(4k^2-4k+1)-4k^2+2k-2$

$=-2k-1=-2(k+1)+1]$

第 2 章

1

X	-3	-1	1	3	計
P	$\dfrac{1}{8}$	$\dfrac{3}{8}$	$\dfrac{3}{8}$	$\dfrac{1}{8}$	1

2 (1) 6 (2) 分散 10, 標準偏差 $\sqrt{10}$

3 $a=\dfrac{1}{\sigma}$, $b=-\dfrac{m}{\sigma}$

4 $\dfrac{5}{2}$ $\Big[X$ の期待値は $0\cdot\dfrac{1}{4}+1\cdot\dfrac{2}{4}+2\cdot\dfrac{1}{4}=1$,

Y の期待値は $0\cdot\dfrac{1}{8}+1\cdot\dfrac{3}{8}+2\cdot\dfrac{3}{8}+3\cdot\dfrac{1}{8}=\dfrac{3}{2}$

$X+Y$ の期待値は $1+\dfrac{3}{2}\Big]$

5 期待値 280 円，標準偏差 $10\sqrt{15}$ 円

[X, X^2 の期待値はそれぞれ 160，26500 で，X の分散は $26500-160^2=900$ Y の分散は，同様にして $15000-120^2=600$ X, Y は互いに独立であるから，$X+Y$ の分散は $900+600=1500$]

6 (1) $\dfrac{219}{256}$ (2) 期待値 4，標準偏差 $\sqrt{2}$

$\Big[$(2) X は二項分布 $B\Big(8,\ \dfrac{1}{2}\Big)$ に従うから期待値は $8\cdot\dfrac{1}{2}$，標準偏差は $\sqrt{8\cdot\dfrac{1}{2}\Big(1-\dfrac{1}{2}\Big)}\ \Big]$

7 (1) 0.1587 (2) 0.6915 (3) 0.8185

[(3) （与式）$=P(-1\leqq Z\leqq 0)+P(0\leqq Z\leqq 2)$ $=p(1)+p(2)=0.3413+0.4772$]

8 0.4772 $[P(0\leqq Z\leqq 2)=p(2)]$

9 約 3.4%

$[\ P(X\geqq 180)=P(Z\geqq 1.82)=0.5-p(1.82)\ ]$

10 期待値 $\dfrac{2\sqrt{3}}{3}$，分散 $\dfrac{1}{6}$，標準偏差 $\dfrac{\sqrt{6}}{6}$

11 (1)

X	1	2	3	計
P	$\dfrac{2}{5}$	$\dfrac{2}{5}$	$\dfrac{1}{5}$	1

(2) 母平均 $\dfrac{9}{5}$，母標準偏差 $\dfrac{\sqrt{14}}{5}$

12 (1)

X	1	2	3	4	計
P	$\dfrac{2}{10}$	$\dfrac{3}{10}$	$\dfrac{4}{10}$	$\dfrac{1}{10}$	1

(2) 母平均 $\dfrac{12}{5}$，母標準偏差 $\dfrac{\sqrt{21}}{5}$

(3) 期待値 $\dfrac{12}{5}$，標準偏差 $\dfrac{\sqrt{21}}{10}$

$\Big[$(2) 母平均 m, 母標準偏差 σ に対して，標本平均 $\overline{X}$ の期待値と標準偏差はそれぞれ m, $\dfrac{\sigma}{\sqrt{4}}\ \Big]$

13 0.9544 $[P(-2\leqq Z\leqq 2)=2p(2)]$

14 0.9876 $[P(-2.5\leqq Z\leqq 2.5)=2p(2.5)]$

15 [55.8, 60.8] ただし，単位は点

16 217 枚以上 [n 枚の答案を抜き出すとき，そ

の平均点を $\overline{X}$ とすると，答案全部の平均点 m に対して $|\overline{X}-m|\leqq 1.96\cdot\dfrac{15}{\sqrt{n}}$ よって

$1.96\cdot\dfrac{15}{\sqrt{n}}\leqq 2$ を満たす n の最小値を求める]

17 6 の目が出やすいとは判断できない

[このさいころを 1 回投げて 6 の目が出る確率を p とすると，$p\geqq\dfrac{1}{6}$ であることを前提として「$p=\dfrac{1}{6}$ である」という仮説を立てる]

18 女子と男子の出生率は等しくないとは判断できない

[女子の出生率を p とし，「$p=0.5$ である」という仮説を立てる]

●**表紙デザイン**

株式会社リーブルテック

初版
第 1 刷　2023 年 3 月 1 日　発行

ISBN978-4-87740-483-3

教科書ガイド

数研出版 版

NEXT　数学 B

制　作　株式会社チャート研究所

発行所　**数研図書株式会社**

〒604-0861　京都市中京区烏丸通竹屋町上る
　　　　　　大倉町205番地

〔電話〕　075(254)3001

230101